中文版
CorelDRAW X8
基础培训教程

全彩版

数字艺术教育研究室 编著

人民邮电出版社
北 京

图书在版编目（CIP）数据

中文版CorelDRAW X8基础培训教程：全彩版 / 数字
艺术教育研究室编著. -- 北京：人民邮电出版社，
2020.5
ISBN 978-7-115-53105-6

Ⅰ．①中… Ⅱ．①数… Ⅲ．①图形软件－教材 Ⅳ.
①TP391.412

中国版本图书馆CIP数据核字(2020)第043731号

内 容 提 要

本书全面系统地介绍了 CorelDRAW X8 的基本操作方法和矢量图形的制作技巧，包括初识 CorelDRAW X8、绘制和编辑图形、绘制和编辑曲线、编辑轮廓线与填充颜色、排列和组合对象、编辑文本、编辑位图、应用特殊效果，以及商业案例实训等内容。

本书以课堂案例为主线，通过对各案例实际操作的讲解，帮助读者快速上手，熟悉软件功能和艺术设计思路。书中的软件功能解析部分能使读者深入学习软件功能。课堂练习和课后习题可以拓展读者的实际应用能力，提高读者的软件使用技巧。商业案例实训可以帮助读者快速掌握商业图形的设计理念和设计元素，顺利达到实战水平。

本书附带学习资源，内容包括书中所有案例的素材、效果文件以及在线视频，读者可通过在线方式获取这些资源，具体方法请参看本书前言。

本书适合作为院校和培训机构艺术专业课程的教材，也可作为 CorelDRAW X8 自学人士的参考用书。

◆ 编　　著　数字艺术教育研究室
　　责任编辑　张丹丹
　　责任印制　马振武

◆ 人民邮电出版社出版发行　　北京市丰台区成寿寺路 11 号
　　邮编　100164　　电子邮件　315@ptpress.com.cn
　　网址　https://www.ptpress.com.cn
　　北京捷迅佳彩印刷有限公司印刷

◆ 开本：787×1092　1/16
　　印张：18.5　　　　　　　2020 年 5 月第 1 版
　　字数：493 千字　　　　　2024 年 8 月北京第 17 次印刷

定价：69.80 元

读者服务热线：(010)81055410　印装质量热线：(010)81055316
反盗版热线：(010)81055315
广告经营许可证：京东市监广登字 20170147 号

前 言

CorelDRAW 是由 Corel 公司开发的矢量图形处理和编辑软件，它功能强大、易学易用，深受图形图像处理爱好者和平面设计人员的喜爱。目前，我国很多院校和培训机构的艺术专业，都将 CorelDRAW 作为一门重要的专业课程。为了帮助院校和培训机构的教师比较全面、系统地讲授这门课程，使读者能够熟练地使用 CorelDRAW 进行设计创意，数字艺术教育研究室组织院校从事 CorelDRAW 教学的教师和专业平面设计公司经验丰富的设计师共同编写了本书。

我们对本书的编写体例做了精心的设计，按照"课堂案例 – 软件功能解析 – 课堂练习 – 课后习题"这一思路进行编排，力求通过课堂案例演练使读者快速熟悉软件功能和艺术设计思路；力求通过软件功能解析使读者深入学习软件功能和制作技巧；力求通过课堂练习和课后习题，拓展读者的实际应用能力。

在内容编写方面，我们力求通俗易懂、细致全面；在文字叙述方面，我们注意言简意赅、重点突出；在案例选取方面，我们强调案例的针对性和实用性。

本书附带学习资源，内容包括书中所有案例的素材及效果文件。读者在学习时，可以调用这些资源进行深入练习。这些学习资源文件均可在线获取，扫描"资源获取"二维码，关注我们的微信公众号，即可得到资源文件获取方式，还可以通过该方式获得"在线视频"的观看地址。另外，购买本书作为授课教材的教师也可以通过该方式获得教师专享资源，其中包括教学大纲、电子教案、PPT 课件，以及课堂案例、课堂练习和课后习题的教学视频等相关教学资源包。如需资源获取技术支持，请致函 szys@ptpress.com.cn。本书的参考学时为 64 学时，其中实训环节为 34 学时，各章的参考学时见下面的学时分配表。

章 序	课 程 内 容	学 时 分 配	
		讲授	实训
第 1 章	初识 CorelDRAW X8	2	
第 2 章	绘制和编辑图形	4	4
第 3 章	绘制和编辑曲线	2	4
第 4 章	编辑轮廓线与填充颜色	2	4
第 5 章	排列和组合对象	2	4
第 6 章	编辑文本	4	4
第 7 章	编辑位图	2	4
第 8 章	应用特殊效果	6	4
第 9 章	商业案例实训	6	6
学 时 总 计		30	34

由于时间仓促，编者水平有限，书中难免存在不足之处，敬请广大读者批评指正。

编 者
2020 年 1 月

资源与支持

本书由"数艺设"出品，"数艺设"社区平台（www.shuyishe.com）为您提供后续服务。

学习资源

所有案例的素材、效果文件和在线视频

教师专享资源

教学大纲
电子教案
PPT 课件
教学视频

资源获取请扫码

"数艺设"社区平台，为艺术设计从业者提供专业的教育产品。

与我们联系

我们的联系邮箱是 szys@ptpress.com.cn。如果您对本书有任何疑问或建议，请您发邮件给我们，并请在邮件标题中注明本书书名及 ISBN，以便我们更高效地做出反馈。

如果您有兴趣出版图书、录制教学课程，或者参与技术审校等工作，可以发邮件给我们；有意出版图书的作者也可以到"数艺设"社区平台在线投稿（直接访问 www.shuyishe.com 即可）。如果学校、培训机构或企业想批量购买本书或"数艺设"出版的其他图书，也可以发邮件给我们。

如果您在网上发现针对"数艺设"出品图书的各种形式的盗版行为，包括对图书全部或部分内容的非授权传播，请您将怀疑有侵权行为的链接通过邮件发给我们。您的这一举动是对作者权益的保护，也是我们持续为您提供有价值的内容的动力之源。

关于"数艺设"

人民邮电出版社有限公司旗下品牌"数艺设"，专注于专业艺术设计类图书出版，为艺术设计从业者提供专业的图书、U 书、课程等教育产品。出版领域涉及平面、三维、影视、摄影与后期等数字艺术门类，字体设计、品牌设计、色彩设计等设计理论与应用门类，UI 设计、电商设计、新媒体设计、游戏设计、交互设计、原型设计等互联网设计门类，环艺设计手绘、插画设计手绘、工业设计手绘等设计手绘门类。更多服务请访问"数艺设"社区平台 www.shuyishe.com。我们将提供及时、准确、专业的学习服务。

目 录

第 1 章 初识 CorelDRAW X8.............. 1

1.1 CorelDRAW X8 的工作界面........2

    1.1.1 工作界面.....................2

    1.1.2 菜单栏.......................3

    1.1.3 工具栏.......................3

    1.1.4 工具箱.......................4

    1.1.5 泊坞窗.......................4

1.2 文件的基本操作..................5

    1.2.1 新建和打开文件..............6

    1.2.2 保存和关闭文件..............6

    1.2.3 导出文件.....................7

1.3 设置页面布局....................7

    1.3.1 设置页面大小................8

    1.3.2 设置页面标签................8

    1.3.3 设置页面背景................9

    1.3.4 插入、删除与重命名页面......9

1.4 图形和图像的基础知识...........10

    1.4.1 位图与矢量图...............10

    1.4.2 色彩模式....................11

    1.4.3 文件格式...................14

第 2 章 绘制和编辑图形 15

2.1 绘制图形.......................16

    2.1.1 课堂案例——绘制收音机图标...16

    2.1.2 绘制矩形....................19

    2.1.3 绘制椭圆形.................22

    2.1.4 绘制基本形状...............24

    2.1.5 课堂案例——绘制圣诞插画....26

    2.1.6 绘制多边形.................30

    2.1.7 绘制星形....................31

    2.1.8 绘制螺旋形.................31

2.2 编辑对象.......................32

    2.2.1 课堂案例——绘制卡通汽车 32

    2.2.2 对象的选取.................37

    2.2.3 对象的缩放.................39

    2.2.4 对象的移动.................40

    2.2.5 对象的镜像.................41

    2.2.6 对象的旋转.................43

    2.2.7 对象的倾斜变形.............44

    2.2.8 对象的复制.................45

    2.2.9 对象的删除.................47

课堂练习——绘制游戏机...............48

课后习题——绘制徽章................48

第 3 章 绘制和编辑曲线 49

3.1 绘制曲线.......................50

    3.1.1 课堂案例——绘制卡通猫......50

    3.1.2 认识曲线....................54

    3.1.3 贝塞尔工具.................55

    3.1.4 艺术笔工具.................56

    3.1.5 钢笔工具....................58

3.2 编辑曲线.......................60

    3.2.1 课堂案例——绘制卡通形象 60

    3.2.2 编辑曲线的节点.............64

    3.2.3 编辑曲线的轮廓和端点........67

    3.2.4 编辑和修改几何图形.........68

3.3 修整图形.......................70

    3.3.1 课堂案例——绘制抽象画......70

    3.3.2 焊接........................77

    3.3.3 修剪........................78

    3.3.4 相交........................78

    3.3.5 简化........................79

3.3.6　移除后面对象 79
3.3.7　移除前面对象 80
3.3.8　边界 80
课堂练习——绘制夏日岛屿插画 80
课后习题——绘制雪糕 81

第 4 章　编辑轮廓线与填充颜色 82

4.1　编辑轮廓线和均匀填充 83
4.1.1　课堂案例——绘制卡通图标 ...83
4.1.2　使用轮廓工具 87
4.1.3　设置轮廓线的颜色 87
4.1.4　设置轮廓线的粗细及样式 88
4.1.5　设置轮廓线角的样式及端头样式 ...88
4.1.6　使用调色板填充颜色 89
4.1.7　均匀填充对话框 90
4.1.8　使用"颜色泊坞窗"填充 92

4.2　渐变填充和图样填充 93
4.2.1　课堂案例——绘制蔬菜插画 ...94
4.2.2　使用属性栏进行填充 105
4.2.3　使用工具进行填充 106
4.2.4　使用"渐变填充"对话框填充 ...106
4.2.5　渐变填充的样式 108
4.2.6　图样填充 109

4.3　其他填充 110
4.3.1　课堂案例——绘制 T 恤图案 ...110
4.3.2　底纹填充 116
4.3.3　网状填充 116
4.3.4　PostScript 填充 117
4.3.5　滴管工具 118
课堂练习——绘制时尚人物 119
课后习题——绘制电池图标 120

第 5 章　排列和组合对象 121

5.1　对齐和分布 122

5.1.1　课堂案例——制作假日游轮
　　　　插画 122
5.1.2　多个对象的对齐和分布 128
5.1.3　网格和辅助线的设置和使用 ...130
5.1.4　标尺的设置和使用 133
5.1.5　标注线的绘制 134
5.1.6　对象的排序 134

5.2　群组和结合 136
5.2.1　课堂案例——绘制木版画 136
5.2.2　组合对象 140
5.2.3　结合 140
课堂练习——制作中秋节海报 141
课后习题——绘制可爱猫头鹰 142

第 6 章　编辑文本 143

6.1　文本的基本操作 144
6.1.1　课堂案例——制作咖啡招贴 ...144
6.1.2　创建文本 148
6.1.3　改变文本的属性 149
6.1.4　文本编辑 150
6.1.5　文本导入 152
6.1.6　字体属性 154
6.1.7　复制文本属性 154
6.1.8　课堂案例——制作台历 155
6.1.9　设置间距 160
6.1.10　设置文本嵌线和上下标 161
6.1.11　设置制表位和制表符 163

6.2　文本效果 165
6.2.1　课堂案例——制作美食内页 ...165
6.2.2　设置首字下沉和项目符号 171
6.2.3　文本绕路径 173
6.2.4　对齐文本 174
6.2.5　内置文本 174
6.2.6　段落文字的连接 175
6.2.7　段落分栏 175

6.2.8 文本绕图 176

6.2.9 课堂案例——制作蜂蜜广告 ...176

6.2.10 插入字符 182

6.2.11 将文字转化为曲线 182

6.2.12 创建文字 182

课堂练习——制作旅游宣传单 183

课后习题——制作网页广告 183

第 7 章 编辑位图 184

7.1 导入并转换位图 185

7.1.1 导入位图 185

7.1.2 转换为位图 185

7.2 使用滤镜 185

7.2.1 课堂案例——制作商场广告 ...186

7.2.2 三维效果 190

7.2.3 艺术笔触 192

7.2.4 模糊 193

7.2.5 轮廓图 194

7.2.6 创造性 195

7.2.7 扭曲 197

课堂练习——制作南瓜派对门票 198

课后习题——制作圣诞卡 198

第 8 章 应用特殊效果 199

8.1 PowerClip 和色调的调整 200

8.1.1 课堂案例——制作网页服饰

广告 200

8.1.2 PowerClip 效果 203

8.1.3 调整亮度、对比度和强度 203

8.1.4 调整颜色通道 204

8.1.5 调整色度、饱和度和亮度 204

8.2 特殊效果 205

8.2.1 课堂案例——制作立体文字 ...205

8.2.2 制作透视效果 212

8.2.3 制作立体效果 212

8.2.4 使用调和效果 213

8.2.5 制作阴影效果 215

8.2.6 课堂案例——制作美食标签 216

8.2.7 设置透明效果 222

8.2.8 编辑轮廓效果 223

8.2.9 课堂案例——制作家电广告 224

8.2.10 使用变形效果 229

8.2.11 封套效果 231

8.2.12 使用透镜效果 231

课堂练习——制作电脑吊牌 232

课后习题——制作美食代金券 232

第 9 章 商业案例实训 233

9.1 海报设计——制作音乐演唱会

海报 234

9.1.1 项目背景及要求 234

9.1.2 项目素材及要点 234

9.1.3 案例制作及步骤 234

课堂练习 1——制作手机海报 239

练习 1.1 项目背景及要求 239

练习 1.2 项目素材及要点 239

课堂练习 2——制作重阳节海报 240

练习 2.1 项目背景及要求 240

练习 2.2 项目素材及要点 240

课后习题 1——制作招聘海报 240

习题 1.1 项目背景及要求 240

习题 1.2 项目素材及要点 241

课后习题 2——制作"双 11"海报 241

习题 2.1 项目背景及要求 241

习题 2.2 项目素材及要点 242

9.2 广告设计——制作女鞋电商广告 ...242

9.2.1 项目背景及要求 242

9.2.2 项目素材及要点 242

9.2.3 案例制作及步骤 243

课堂练习 1——制作手机电商广告 246

　　练习 1.1　项目背景及要求 246

　　练习 1.2　项目素材及要点 247

课堂练习 2——制作服装电商广告 247

　　练习 2.1　项目背景及要求 247

　　练习 2.2　项目素材及要点 248

课后习题 1——制作家电电商广告 248

　　习题 1.1　项目背景及要求 248

　　习题 1.2　项目素材及要点 249

课后习题 2——制作女包电商广告 249

　　习题 2.1　项目背景及要求 249

　　习题 2.2　项目素材及要点 250

9.3　包装设计——制作牛奶包装 250

　　9.3.1　项目背景及要求 250

　　9.3.2　项目素材及要点 251

　　9.3.3　案例制作及步骤 251

课堂练习 1——制作冰淇淋包装 260

　　练习 1.1　项目背景及要求 260

　　练习 1.2　项目素材及要点 260

课堂练习 2——制作红豆包装 261

　　练习 2.1　项目背景及要求 261

　　练习 2.2　项目素材及要点 261

课后习题 1——制作化妆品包装 262

　　习题 1.1　项目背景及要求 262

　　习题 1.2　项目素材及要点 262

课后习题 2——制作干果包装 262

　　习题 2.1　项目背景及要求 262

　　习题 2.2　项目素材及要点 263

9.4　图标设计——绘制相机图标 263

　　9.4.1　项目背景及要求 263

　　9.4.2　项目素材及要点 264

　　9.4.3　案例制作及步骤 264

课堂练习 1——绘制音乐图标 269

　　练习 1.1　项目背景及要求 269

　　练习 1.2　项目素材及要点 269

课堂练习 2——绘制语音图标 270

　　练习 2.1　项目背景及要求 270

　　练习 2.2　项目素材及要点 270

课后习题 1——绘制日历图标 271

　　习题 1.1　项目背景及要求 271

　　习题 1.2　项目素材及要点 271

课后习题 2——绘制文件图标 272

　　习题 2.1　项目背景及要求 272

　　习题 2.2　项目素材及要点 272

9.5　App 界面设计——制作运动健身

　　　App 主页 273

　　9.5.1　项目背景及要求 273

　　9.5.2　项目素材及要点 273

　　9.5.3　案例制作及步骤 274

课堂练习 1——制作运动健身 App

　　　　　训练页 283

　　练习 1.1　项目背景及要求 283

　　练习 1.2　项目素材及要点 283

课堂练习 2——制作运动健身 App

　　　　　社区页 283

　　练习 2.1　项目背景及要求 283

　　练习 2.2　项目素材及要点 284

课后习题 1——制作运动健身 App

　　　　　目标页 284

　　习题 1.1　项目背景及要求 284

　　习题 1.2　项目素材及要点 285

课后习题 2——制作运动健身 App

　　　　　个人中心页 285

　　习题 2.1　项目背景及要求 285

　　习题 2.2　项目素材及要点 286

第1章 初识 CorelDRAW X8

本章介绍

CorelDRAW X8 的基础知识和基本操作是软件学习的基础。本章将主要介绍 CorelDRAW X8 的工作环境、文件的操作方法、页面布局的编辑方法和图形图像的基础知识。通过学习本章内容，读者可以达到初步认识和简单使用这一创作工具的目的，为后期的设计制作工作打下坚实的基础。

学习目标

- 熟悉 CorelDRAW X8 的工作界面。
- 熟练掌握文件的基本操作。
- 掌握页面布局的设置方法。
- 了解图形和图像的基础知识。

技能目标

- 了解 CorelDRAW X8 工作界面的各个组成部分。
- 熟练掌握文件的基本操作。
- 熟练设置页面大小、标签、背景以及插入、删除与重命名页面。
- 能够根据图片正确识别矢量图、位图以及文件格式。

1.1　CorelDRAW X8 的工作界面

本节将介绍 CorelDRAW X8 的工作界面，并简单介绍 CorelDRAW X8 的菜单栏、标准工具栏、工具箱及泊坞窗。

1.1.1　工作界面

CorelDRAW X8 的工作界面主要由标题栏、菜单栏、标准工具栏、属性栏、工具箱、标尺、调色板、页面控制栏、状态栏、泊坞窗和绘图页面等部分组成，如图 1-1 所示。

图 1-1

标题栏：用于显示软件名和当前操作文件的文件名，还可以用于调整 CorelDRAW X8 窗口的大小。

菜单栏：集合了 CorelDRAW X8 中的所有命令，并将它们分门别类地放置在不同的菜单中，供用户选择使用。执行 CorelDRAW X8 菜单中的命令是基本的操作方式。

标准工具栏：提供了常用的几种操作按钮，可使用户轻松地完成几个基本的操作任务。

属性栏：显示了所绘制图形的信息，并提供了一系列可对图形进行相关修改操作的工具。

工具箱：分类存放着 CorelDRAW X8 中常用的工具，这些工具可以帮助用户完成各种工作。使用工具箱可以大大简化操作步骤，提高工作效率。

标尺：用于度量图形的尺寸并对图形进行定位，是进行平面设计工作不可缺少的辅助工具。

绘图页面：指绘图窗口中带矩形边沿的区域，只有此区域内的图形才可被打印出来。

页面控制栏：可以用于创建新页面并显示 CorelDRAW X8 中文档各页面的内容。

状态栏：可以为用户提供有关当前操作的各种提示信息。

泊坞窗：这是 CorelDRAW X8 中极具特色的窗口，因其可放在绘图窗口边缘而得名。它提供了许多常用的功能，使用户在创作时更加得心应手。

调色板：可以直接对所选定的图形或图形边缘的轮廓线进行颜色填充。

1.1.2 菜单栏

CorelDRAW X8 的菜单栏包含"文件""编辑""视图""布局""对象""效果""位图""文本""表格""工具""窗口""帮助"12 个菜单，如图 1-2 所示。

图 1-2

单击每一个菜单都将弹出其下拉菜单。如单击"编辑"菜单，将弹出如图 1-3 所示的"编辑"下拉菜单。

最左边为图标，它和工具栏中具有相同功能的工具一致，便于用户记忆和使用。

最右边显示的组合键则为操作快捷键，便于用户提高工作效率。

某些命令后带有▶标记，表示该命令还有子菜单，将光标停放在命令上即可弹出子菜单。

某些命令后带有…标记，单击该命令即可弹出对话框，允许对其进行进一步设置。

此外，"编辑"下拉菜单中有些命令呈灰色，表示该命令当前不可使用，需进行一些相关的操作后方可使用。

图 1-3

1.1.3 工具栏

菜单栏的下方通常是工具栏，CorelDRAW X8 的"标准"工具栏如图 1-4 所示。

图 1-4

这里存放了常用的命令按钮，如"新建""打开""保存""打印""剪切""复制""粘贴""撤销""重做""搜索内容""导入""导出""发布为 PDF""缩放级别""全屏预览""显示标尺""显示网格""显示辅助线""贴齐""选项""应用程序启动器"。使用这些命令按钮，用户可以便捷地完成一些基本的操作。

此外，CorelDRAW X8 还提供了一些其他的工具栏，用户可以在菜单栏中选择它们。例如，选择"窗口 > 工具栏 > 文本"命令，则可显示"文本"工具栏。"文本"工具栏如图 1-5 所示。

图 1-5

选择"窗口 > 工具栏 > 变换"命令，则可显示"变换"工具栏。"变换"工具栏如图 1-6 所示。

图 1-6

1.1.4　工具箱

CorelDRAW X8 的工具箱中放置着绘制图形时常用的一些工具，这些工具是每一个软件使用者都必须掌握的基本操作工具。CorelDRAW X8 的工具箱如图 1-7 所示。

在工具箱中，依次分类排列着"选择"工具、"形状"工具、"裁剪"工具、"缩放"工具、"手绘"工具、"艺术笔"工具、"矩形"工具、"椭圆形"工具、"多边形"工具、"文本"工具、"平行度量"工具、"直线连接器"工具、"阴影"工具、"透明度"工具、"颜色滴管"工具、"交互式填充"工具和"智能填充"工具等。

其中，有些工具按钮带有小三角标记◢，表示还有拓展工具栏，将光标放在工具按钮上，按住鼠标左键即可展开。例如，将光标放在"阴影"工具◻上，按住鼠标左键将展开如图 1-8 所示的工具栏。

图 1-7　　　　图 1-8

1.1.5　泊坞窗

CorelDRAW X8 的泊坞窗是十分有特色的窗口。当打开这类窗口时，它会停靠在绘图窗口的边缘，因此被称为"泊坞窗"。选择"窗口 > 泊坞窗 > 对象属性"命令，或按 Alt+Enter 组合键，即可弹出如图 1-9 右侧所示的"对象属性"泊坞窗。

图 1-9

还可将泊坞窗拖曳出来，放在任意位置，并可通过单击窗口右上角的 ▶▶ 按钮或 ◥ 按钮将窗口折叠或展开，如图 1-10 所示。因此，泊坞窗又被称为"卷帘工具"。

CorelDRAW X8 泊坞窗的列表位于"窗口 > 泊坞窗"子菜单中，可以选择"泊坞窗"子菜单中的命令，以打开相应的泊坞窗。用户可以打开一个或多个泊坞窗，当几个泊坞窗都打开时，除了活动的泊坞窗之外，其余的泊坞窗将沿着泊坞窗的边沿以标签形式显示，效果如图 1-11 所示。

图 1-10

图 1-11

1.2 文件的基本操作

掌握一些基本的文件操作方法，是开始设计和制作作品所必需的。下面将介绍 CorelDRAW X8 的一些基本操作。

1.2.1　新建和打开文件

1．使用 CorelDRAW X8 启动时的欢迎窗口新建和打开文件

启动时的欢迎窗口如图 1-12 所示。单击"新建文档"图标，可以建立一个新的文档；单击"从模板新建"图标，可以使用系统默认的模板创建文件；单击"打开其他..."图标，弹出如图 1-13 所示的"打开绘图"对话框，可以从中选择要打开的图形文件；单击"打开最近用过的文档"下方的文件名，可以打开最近编辑过的图形文件，在右侧的"最近使用过的文件预览"框中显示选中文件的效果图，在"文件信息"框中显示文件名称、文件创建时间和位置、文件大小等信息。

图 1-12

图 1-13

2．使用命令和快捷键新建和打开文件

选择"文件 > 新建"命令，或按 Ctrl+N 组合键，可新建文件。选择"文件 > 从模板新建"或"打开"命令，或按 Ctrl+O 组合键，可打开文件。

3．使用标准工具栏新建和打开文件

使用 CorelDRAW X8 标准工具栏中的"新建"按钮 和"打开"按钮 可以新建和打开文件。

1.2.2　保存和关闭文件

1．使用命令和快捷键保存文件

选择"文件 > 保存"命令，或按 Ctrl+S 组合键，可保存文件。选择"文件 > 另存为"命令，或按 Ctrl+Shift+S 组合键，可更名保存文件。

如果是第一次保存文件，在执行上述操作后，会弹出如图 1-14 所示的"保存绘图"对话框。在对话框中，可以设置"文件路径""文件名""保存类型"和"版本"等保存选项。

2．使用标准工具栏保存文件

使用 CorelDRAW X8 标准工具栏中的"保存"按钮 可以保存文件。

图 1-14

3. 使用命令、快捷键或按钮关闭文件

选择"文件 > 关闭"命令，或按 Alt+F4 组合键，或单击绘图窗口右上角的"关闭"按钮▣，可关闭文件。

此时，如果文件未保存，将弹出如图 1-15 所示的提示框，询问用户是否保存文件。单击"是"按钮，则保存文件；单击"否"按钮，则不保存文件；单击"取消"按钮，则取消保存操作。

图 1-15

1.2.3 导出文件

1. 使用命令和快捷键导出文件

选择"文件 > 导出"命令，或按 Ctrl+E 组合键，弹出如图 1-16 所示的"导出"对话框。在对话框中，可以设置"文件路径""文件名"和"保存类型"等选项。

2. 使用标准工具栏导出文件

使用 CorelDRAW X8 标准工具栏中的"导出"按钮▣也可以将文件导出。

图 1-16

1.3 设置页面布局

利用"选择"工具属性栏可以轻松地进行 CorelDRAW X8 版面的设置。选择"选择"工具▣，选择"工具 > 选项"命令，或单击标准工具栏中的"选项"按钮⚙，或按 Ctrl+J 组合键，弹出"选项"对话框。在该对话框中选择"自定义 > 命令栏"选项，再勾选"属性栏"选项，如图 1-17 所示，然后单击"确定"按钮，则可显示如图 1-18 所示的"选择"工具属性栏。在属性栏中，可以设置纸张的型号、纸张的高度和宽度、纸张的放置方向等。

图 1-17

图 1-18

1.3.1　设置页面大小

利用"布局"菜单中的"页面设置"命令，可以进行更详细的设置。选择"布局 > 页面设置"命令，弹出"选项"对话框，如图 1-19 所示。

选择"页面尺寸"选项可以对页面大小和方向进行设置，还可设置页面出血、分辨率等选项。

选择"布局"选项时，"选项"对话框如图 1-20 所示，可从中选择版面的样式。

图 1-19

图 1-20

1.3.2　设置页面标签

选择"标签"选项时，"选项"对话框如图 1-21 所示，这里汇集了 800 多种标签格式供用户选择。

图 1-21

1.3.3 设置页面背景

选择"背景"选项时,"选项"对话框如图 1-22 所示,可以从中选择纯色或位图图像作为绘图页面的背景。

图 1-22

1.3.4 插入、删除与重命名页面

1. 插入页面

选择"布局 > 插入页面"命令,弹出如图 1-23 所示的"插入页面"对话框。在该对话框中,可以设置插入的页面数目、位置、页面大小和方向等选项。

在 CorelDRAW X8 状态栏的页面标签上单击鼠标右键,弹出如图 1-24 所示的快捷菜单。在菜单中选择插入页面的命令,即可插入新页面。

图 1-23   图 1-24

2. 删除页面

选择"布局 > 删除页面"命令,弹出如图 1-25 所示的"删除页面"对话框。在该对话框中,可以设置要删除的页面序号,还可以同时删除多个连续的页面。

3. 重命名页面

选择"布局 > 重命名页面"命令，弹出如图 1-26 所示的"重命名页面"对话框。在对话框的"页名"选项中输入名称，单击"确定"按钮，即可重命名页面。

图 1-25

图 1-26

1.4 图形和图像的基础知识

如果想要应用好 CorelDRAW X8，就需要对图像的种类、色彩模式及文件格式有所了解和掌握，下面将进行详细的介绍。

1.4.1 位图与矢量图

在计算机中，图像大致可以分为两种：位图图像和矢量图形。位图图像效果如图 1-27 所示，矢量图形效果如图 1-28 所示。

图 1-27

图 1-28

位图图像又称为点阵图，是由许多点组成的，这些点称为像素。许许多多不同色彩的像素组合在一起便构成了一幅图像。由于位图采取了点阵的方式，每个像素都能够记录图像的色彩信息，因而可以精确地表现色彩丰富的图像。但图像的色彩越丰富，图像的像素就越多（即分辨率越高），文件也就越大，因此处理位图图像时，对计算机硬盘和内存的要求也较高。同时由于位图本身的特点，图像在缩放和旋转变形时会产生失真的现象。

矢量图像是相对位图图像而言的，也称为向量图像，它是以数学的矢量方式来记录图像内容的。矢量图像中的图形元素称为对象，每个对象都是独立的，具有各自的属性（如颜色、形状、轮廓、大小和位置等）。矢量图像在缩放时不会产生失真的现象，并且它的文件占用的存储空间较小。这种图像的缺点是不易制作色彩丰富的图像，无法像位图图像那样精确地描绘各种绚丽的色彩。

这两种类型的图像各具特色，也各有优缺点，并且两者之间具有良好的互补性。因此，在图像处理和绘制图形的过程中，将这两种图像交互使用，取长补短，能使创作出来的作品更加完美。

1.4.2 色彩模式

CorelDRAW X8 提供了多种色彩模式。这些色彩模式提供了把色彩协调一致地用数值表示的方法。这些色彩模式是设计制作的作品能够在屏幕和印刷品上成功表现的重要保障。在这些色彩模式中，经常使用到的有 RGB 模式、CMYK 模式、HSB 模式、Lab 模式及灰度模式等。每种色彩模式都有不同的色域，用户可以根据需要选择合适的色彩模式，并且各个模式之间可以互相转换。

1. RGB 模式

RGB 模式是工作中使用最广泛的一种色彩模式。RGB 模式是一种加色模式，它通过红、绿、蓝 3 种色光相叠加而形成更多的颜色。同时 RGB 模式也是色光的色彩模式，一幅 24bit 的 RGB 模式图像有 3 个色彩信息的通道：红色（R）、绿色（G）和蓝色（B）。

每个通道都有 8 位的色彩信息：一个 0～255 的亮度值色域。RGB 模式 3 种色彩的数值越大，颜色就越浅，当 3 种色彩的数值都为 255 时，颜色被调整为白色；RGB 模式 3 种色彩的数值越小，颜色就越深，当 3 种色彩的数值都为 0 时，颜色被调整为黑色。

3 种色彩的每一种色彩都有 256 个亮度级别。3 种色彩相叠加，约有 1670 万（256×256×256）种可能的颜色。这 1670 万种颜色足以表现出这个绚丽多彩的世界。用户使用的显示器就是 RGB 模式的。

进入 RGB 模式的操作步骤：选择"编辑填充"工具 ，或按 Shift+F11 组合键，弹出"编辑填充"对话框，在对话框中单击"均匀填充"按钮 ，选择"RGB"色彩模式，然后设置 RGB 颜色值，如图 1-29 所示。。

图 1-29

在编辑图像时，建议选择 RGB 色彩模式。因为它可以提供全屏幕的多达 24 位的色彩范围，所以一些计算机领域的色彩专家称其为"True Color"（真彩显示）。

2. CMYK 模式

CMYK 模式在印刷时应用了色彩学中的减法混合原理，通过反射某些颜色的光并吸收另外一些颜色的光，来产生不同的颜色，是一种减色色彩模式。CMYK 代表了印刷上用的 4 种油墨色：C 代表青色，M 代表洋红色，Y 代表黄色，K 代表黑色。CorelDRAW X8 默认状态下使用的就是 CMYK 模式。

CMYK 模式是图片和其他作品中最常用的一种印刷方式。这是因为在印刷中通常都要进行四色分色，出四色胶片，然后再进行印刷。

进入 CMYK 模式的操作步骤：选择"编辑填充"工具 ，在弹出的"编辑填充"对话框中单击"均匀填充"按钮 ，选择"CMYK"色彩模式，然后设置 CMYK 颜色值，如图 1-30 所示。

图 1-30

3. HSB 模式

HSB 模式是一种更直观的色彩模式，它的调色方法更接近人的视觉原理，在调色过程中更容易找到所需要的颜色。

H 代表色相，S 代表饱和度，B 代表亮度。色相的意思是纯色，即组成可见光谱的单色。红色为 0°，绿色为 120°，蓝色为 240°。饱和度代表色彩的纯度，饱和度为零时即为灰色，黑、白两种色彩没有饱和度。亮度是色彩的明亮程度，最大亮度是色彩最鲜明的状态，黑色的亮度为 0。

进入 HSB 模式的操作步骤：选择"编辑填充"工具 ，在弹出的"编辑填充"对话框中单击"均匀填充"按钮 ，选择"HSB"色彩模式，然后设置 HSB 颜色值，如图 1-31 所示。

图 1-31

4. Lab 模式

Lab 是一种国际色彩标准模式，它由 3 个通道组成：一个通道是透明度，即 L；另外两个是色彩通道，即色相和饱和度，用 a 和 b 表示。a 通道包括的颜色值从深绿到灰，再到亮粉红色；b 通道是从亮蓝色到灰，再到焦黄色。这些色彩混合后将产生明亮的色彩。

进入 Lab 模式的操作步骤：选择"编辑填充"工具 ，在弹出的"编辑填充"对话框中单击"均匀填充"按钮■，选择"Lab"色彩模式，然后设置 Lab 颜色值，如图 1-32 所示。

图 1-32

Lab 模式在理论上包括人眼可见的所有色彩，它弥补了 CMYK 模式和 RGB 模式的不足。在这种模式下，图像的处理速度比在 CMYK 模式下快数倍，与 RGB 模式的速度相仿，而且在把 Lab 模式转成 CMYK 模式的过程中，所有的色彩不会丢失或被替换。事实上，将 RGB 模式转换成 CMYK 模式时，Lab 模式一直扮演着中介者的角色。也就是说，RGB 模式先转换成 Lab 模式，再转换成 CMYK模式。

5. 灰度模式

灰度模式形成的灰度图又叫 8 比特深度图。每个像素用 8 个二进制位表示，能产生 2^8 即 256 级灰色调。当彩色文件被转换为灰度模式文件时，所有的颜色信息都将从文件中丢失。尽管 CorelDRAW X8 允许将灰度文件转换为彩色模式文件，但不可能将原来的颜色完全还原。所以，当要转换灰度模式时，请先做好图像的备份。

像黑白照片一样，灰度模式的图像只有明暗值，没有色相和饱和度这两种颜色信息。0%代表黑，100%代表白。

将彩色模式转换为双色调模式时，必须先转换为灰度模式，然后由灰度模式转换为双色调模式。在制作黑白印刷品时经常使用灰度模式。

进入灰度模式的操作步骤：选择"编辑填充"工具█，在弹出的"编辑填充"对话框中单击"均匀填充"按钮■，选择"灰度"色彩模式，然后设置灰度值，如图 1-33 所示。

图 1-33

1.4.3　文件格式

CorelDRAW X8 中有 20 多种文件格式可供选择。在这些文件格式中，既有 CorelDRAW X8 的专用格式，也有用于应用程序交换的文件格式，还有一些比较特殊的格式。

1. CDR 模式

CDR 格式是 CorelDRAW X8 的专用图形文件格式。由于 CorelDRAW X8 是矢量图形绘制软件，所以 CDR 可以记录文件的属性、位置和分页等。但它在兼容度上比较差，在所有 CorelDRAW X8 应用程序中均能使用，但在其他图像编辑软件中无法打开。

2. AI 格式

AI 格式是一种矢量图片格式，是 Adobe 公司的软件 Illustrator 的专用格式。它的兼容度比较高，可以在 CorelDRAW X8 中打开。CDR 格式的文件可以被导出为 AI 格式。

3. TIFF 格式

TIF（TIFF）格式是标签图像格式。TIF 格式对于色彩通道图像来说是最有用的格式，具有很强的可移植性，它可以用于 PC、Mac 以及 UNIX 工作站三大平台，是这三大平台上使用最广泛的绘图格式。用 TIF 格式存储时应考虑到文件的大小，因为 TIF 格式的结构要比其他格式更大、更复杂。TIF 格式支持 24 个通道，能存储多于 4 个通道的文件格式。TIF 格式非常适合用于印刷和输出。

4. PSD 格式

PSD 格式是 Photoshop 软件自身的专用文件格式。PSD 格式能够保存图像数据的细小部分，如图层、蒙版、通道等 Photoshop 对图像进行特殊处理的信息。在没有最终决定图像的存储格式前，最好先以 PSD 格式存储。另外，Photoshop 打开和存储 PSD 格式的文件的速度较打开其他格式的文件更快。但是 PSD 格式也有缺点，存储的图像文件特别大，占用空间多，通用性不强。

5. JPEG 格式

JPEG 是 Joint Photographic Experts Group 的首字母缩写词，译为联合图片专家组。JPEG 格式既是 Photoshop 支持的一种文件格式，也是一种压缩方案。它是 Mac 上常用的一种存储类型。JPEG 格式是压缩格式中的佼佼者，与 TIF 文件格式采用的 LZW 无损压缩相比，它的压缩比例更大。但它采用的有损压缩算法会丢失部分数据。用户可以在存储前选择图像的质量，这就能控制数据的损失程度。

6. PNG 格式

PNG 格式是用于无损压缩和在 Web 上显示图像的文件格式，是 GIF 格式的无专利替代品。它支持 24 位图像且能产生无锯齿状边缘的背景透明度，还支持无 Alpha 通道的 RGB、索引颜色、灰度和位图模式的图像。某些 Web 浏览器不支持 PNG 图像。

第2章 绘制和编辑图形

本章介绍

CorelDRAW X8 绘制和编辑图形的功能非常强大。本章将详细介绍使用 CorelDRAW X8 绘制和编辑图形的多种方法和技巧。通过学习本章内容，读者可以掌握绘制与编辑图形的方法和技巧，为进一步学习 CorelDRAW X8 打下坚实的基础。

学习目标

● 掌握几何图形的绘制方法。

● 熟练掌握编辑对象的技巧。

技能目标

● 掌握"收音机图标"的绘制方法。

● 掌握"圣诞插画"的绘制方法。

● 掌握"卡通汽车"的绘制方法。

2.1 绘制图形

使用 CorelDRAW X8 的基本绘图工具可以绘制简单的几何图形。通过本节的讲解和练习，读者可以初步掌握 CorelDRAW X8 基本绘图工具的特性，为今后绘制更复杂、更优质的图形打下坚实的基础。

2.1.1 课堂案例——绘制收音机图标

【案例学习目标】学习使用几何图形工具绘制收音机图标。

【案例知识要点】使用矩形工具、椭圆形工具、3 点椭圆形工具、基本形状工具和变换泊坞窗绘制收音机图标，效果如图 2-1 所示。

【效果所在位置】Ch02\效果\绘制收音机图标.cdr。

图 2-1

（1）按 Ctrl+N 组合键，弹出"创建新文档"对话框，设置文档的宽度为 1024 px，高度为 1024 px，颜色模式为 RGB，渲染分辨率为 72 dpi，单击"确定"按钮，新建一个文档。

（2）双击"矩形"工具 □，绘制一个与页面大小相等的矩形，填充图形为黑色，在"无填充"按钮 ⊠ 上单击鼠标右键，去除图形的轮廓线，效果如图 2-2 所示。

（3）按数字键盘上的+键，复制矩形。选择"选择"工具 ▶，按住 Shift 键的同时，拖曳右上角的控制手柄，向中心等比例缩小图形；在"RGB 调色板"中的"80% 黑"色块上单击鼠标左键，填充图形，效果如图 2-3 所示。

图 2-2   图 2-3

（4）保持矩形的选取状态。在属性栏中将"转角半径"选项均设为 102 px，如图 2-4 所示，按 Enter 键，效果如图 2-5 所示。

图 2-4　　　　　　　　　　　　　　　　　　图 2-5

（5）按数字键盘上的+键，复制圆角矩形。选择"选择"工具 ▶，向上拖曳圆角矩形下边中间的控制手柄到适当的位置，调整其大小，效果如图 2-6 所示。设置图形颜色的 RGB 值为 249、191、0，填充图形，效果如图 2-7 所示。

（6）选择"矩形"工具 □，在适当的位置绘制一个矩形，在"RGB 调色板"中的"80%黑"色块上单击鼠标左键，填充图形，并去除图形的轮廓线，效果如图 2-8 所示。

图 2-6　　　　　　　　　　图 2-7　　　　　　　　　　图 2-8

（7）按数字键盘上的+键，复制矩形。选择"选择"工具 ▶，向上拖曳矩形下边中间的控制手柄到适当的位置，调整其大小；设置图形颜色的 RGB 值为 237、80、19，填充图形，效果如图 2-9 所示。按住 Shift 键的同时，垂直向下拖曳复制的矩形到适当的位置，效果如图 2-10 所示。用相同的方法绘制其他矩形，效果如图 2-11 所示。

图 2-9　　　　　　　　　　图 2-10　　　　　　　　　　图 2-11

（8）选择"椭圆形"工具 ○，按住 Ctrl 键的同时，在适当的位置绘制一个圆形，在"RGB 调色板"中的"80%黑"色块上单击鼠标左键，填充图形，并去除图形的轮廓线，效果如图 2-12 所示。

（9）按数字键盘上的+键，复制圆形。选择"选择"工具 ▶，向上微调圆形到适当的位置，在"RGB 调色板"中的"黄"色块上单击鼠标左键，填充图形，效果如图 2-13 所示。

（10）选择"选择"工具 ▶，按住 Shift 键的同时，向内拖曳圆形右上角的控制手柄到适当的位置，再单击鼠标右键，复制一个圆形。设置图形颜色的 RGB 值为 254、217、0，填充图形，效果如图 2-14 所示。用相同的方法再复制其他圆形，并调整其大小，填充相应的颜色，效果如图 2-15 所示。

图 2-12　　　　　　　　图 2-13　　　　　　　　图 2-14　　　　　　　　图 2-15

（11）选择"3 点椭圆形"工具，在适当的位置拖曳光标绘制一个椭圆形，如图 2-16 所示。在"RGB 调色板"中的"黄"色块上单击鼠标左键，填充图形，并去除图形的轮廓线，效果如图 2-17 所示。

（12）选择"基本形状"工具，单击属性栏中的"完美形状"按钮，在弹出的下拉列表中选择需要的形状，如图 2-18 所示。在适当的位置拖曳光标绘制图形，如图 2-19 所示。

图 2-16　　　　　　　　图 2-17　　　　　　　　图 2-18　　　　　　　　图 2-19

（13）设置图形颜色的 RGB 值为 237、80、19，填充图形，并去除图形的轮廓线，效果如图 2-20 所示。在属性栏的"旋转角度" 框中设置数值为 225，按 Enter 键，效果如图 2-21 所示。选择"选择"工具，按数字键盘上的+键，复制三角形。单击属性栏中的"垂直镜像"按钮，垂直翻转图形。按住 Shift 键的同时，垂直向下拖曳翻转的三角形到适当的位置，效果如图 2-22 所示。

图 2-20　　　　　　　　图 2-21　　　　　　　　图 2-22

（14）选择"椭圆形"工具，按住 Ctrl 键的同时，在适当的位置绘制一个圆形，在"RGB 调色板"中的"黄"色块上单击鼠标左键，填充图形，并去除图形的轮廓线，效果如图 2-23 所示。

（15）按 Alt+F7 组合键，弹出"变换"泊坞窗，设置"X"的数值为 76 px，其他选项的设置如图 2-24 所示，单击"应用"按钮，效果如图 2-25 所示。

图 2-23　　　　　　　　　　图 2-24　　　　　　　　　　图 2-25

（16）选择"选择"工具 ，用圈选的方法将刚绘制的圆形全部选取，如图 2-26 所示。在"变换"泊坞窗中，设置"Y"的数值为 - 76 px，其他选项的设置如图 2-27 所示，单击"应用"按钮 应用 ，效果如图 2-28 所示。

图 2-26　　　　　　　　　　图 2-27　　　　　　　　　　图 2-28

（17）选择"选择"工具 ，用圈选的方法将所绘制的圆形全部选取，按 Ctrl+G 组合键，将其群组。按数字键盘上的+键，复制群组图形。选择"选择"工具 ，向上微调群组图形到适当的位置，填充图形为黑色，效果如图 2-29 所示。收音机图标绘制完成，效果如图 2-30 所示。

图 2-29　　　　　　　　　　图 2-30

2.1.2　绘制矩形

"矩形"工具用于绘制矩形、正方形、圆角矩形和任意角度放置的矩形。

1. 绘制直角矩形

单击工具箱中的"矩形"工具 ，在绘图页面中按住鼠标左键不放，拖曳光标到需要的位置，松开鼠标，完成绘制，如图 2-31 所示。绘制矩形的属性栏如图 2-32 所示。

按 Esc 键，取消矩形的选取状态，效果如图 2-33 所示。选择"选择"工具 ，在刚绘制好的矩形上单击鼠标左键，可以选择矩形。

图 2-31　　　　　　　　　　　　图 2-32　　　　　　　　　　　　图 2-33

按 F6 键，快速选择"矩形"工具 ，可在绘图页面中适当的位置绘制矩形。

按住 Ctrl 键，可在绘图页面中绘制正方形。

按住 Shift 键，可在绘图页面中以当前点为中心绘制矩形。

按住 Shift+Ctrl 组合键，可在绘图页面中以当前点为中心绘制正方形。

提示　双击工具箱中的"矩形"工具 ，可以绘制出一个和绘图页面大小一样的矩形。

2. 使用"矩形"工具绘制圆角矩形

在绘图页面中绘制一个矩形，如图 2-34 所示。在绘制矩形的属性栏中，如果先将"转角半径"后的小锁图标 选定，则改变"转角半径"时，4 个角的圆滑度数值将进行相同的改变。设定"转角半径" 的值，如图 2-35 所示，按 Enter 键，效果如图 2-36 所示。

图 2-34　　　　　　　　　　　　图 2-35　　　　　　　　　　　　图 2-36

如果不选定小锁图标 ，则可以单独改变一个角的圆滑度数值。在绘制矩形的属性栏中，分别设定"转角半径" 的值，如图 2-37 所示，按 Enter 键，效果如图 2-38 所示。如果要将圆角矩形还原为直角矩形，可以将圆角度数设定为"0"。

图 2-37　　　　　　　　　　　　图 2-38

3. 使用鼠标拖曳矩形节点绘制圆角矩形

绘制一个矩形。按 F10 键，快速选择"形状"工具，选中矩形边角的节点，如图 2-39 所示，按住鼠标左键拖曳矩形边角的节点，可以改变边角的圆滑程度，如图 2-40 所示。松开鼠标左键，圆角矩形的效果如图 2-41 所示。

图 2-39　　　　　　　　　　图 2-40　　　　　　　　　　图 2-41

4. 使用"矩形"工具绘制扇形角图形

在绘图页面中绘制一个矩形，如图 2-42 所示。在绘制矩形的属性栏中，单击"扇形角"按钮，在"转角半径"框中设置值为 20mm，如图 2-43 所示，按 Enter 键，效果如图 2-44 所示。

图 2-42　　　　　　　　　　图 2-43　　　　　　　　　　图 2-44

5. 使用"矩形"工具绘制倒棱角图形

在绘图页面中绘制一个矩形，如图 2-45 所示。在绘制矩形的属性栏中，单击"倒棱角"按钮，在"转角半径"框中设置值为 20mm，如图 2-46 所示，按 Enter 键，效果如图 2-47 所示。

图 2-45　　　　　　　　　　图 2-46　　　　　　　　　　图 2-47

6. 使用相对角缩放按钮调整图形

在绘图页面中绘制一个圆角矩形，属性栏和效果如图 2-48 所示。在绘制矩形的属性栏中，单击"相对角缩放"按钮，拖曳控制手柄调整图形的大小，圆角的半径根据图形的调整进行改变，属性栏和效果如图 2-49 所示。

图 2-48　　　　　　　　　　　　　　　　　　图 2-49

7. 绘制任意角度放置的矩形

选择"矩形"工具□展开式工具栏中的"3 点矩形"工具□，在绘图页面中按住鼠标左键不放，拖曳光标到需要的位置，可绘制出一条任意方向的线段作为矩形的一条边，如图 2-50 所示；松开鼠标左键，再拖曳鼠标到需要的位置，即可确定矩形的另一条边，如图 2-51 所示；单击鼠标左键，矩形绘制完成，效果如图 2-52 所示。

图 2-50　　　　　　　　图 2-51　　　　　　　　图 2-52

2.1.3　绘制椭圆形

"椭圆形"工具用于绘制椭圆形、圆形、饼形、弧线形和任意角度放置的椭圆形。

1. 绘制椭圆和圆形

选择"椭圆形"工具○，在绘图页面中按住鼠标左键不放，拖曳光标到需要的位置，松开鼠标左键，椭圆形绘制完成，如图 2-53 所示。椭圆形的属性栏如图 2-54 所示。

按住 Ctrl 键，在绘图页面中可以绘制圆形，如图 2-55 所示。

图 2-53　　　　　　　　图 2-54　　　　　　　　图 2-55

按 F7 键，快速选择"椭圆形"工具 ，可在绘图页面中适当的位置绘制椭圆形。

按住 Shift 键，可在绘图页面中以当前点为中心绘制椭圆形。

按住 Shift+Ctrl 组合键，可在绘图页面中以当前点为中心绘制圆形。

2. 使用"椭圆"工具绘制饼形和弧形

绘制一个圆形，如图 2-56 所示。单击"椭圆形"工具属性栏（见图 2-57）中的"饼图"按钮，可将圆形转换为饼图，如图 2-58 所示。

图 2-56　　　　　　　　　图 2-57　　　　　　　　　图 2-58

单击"椭圆形"工具属性栏（见图 2-59）中的"弧"按钮，可将圆形转换为弧形，如图 2-60 所示。

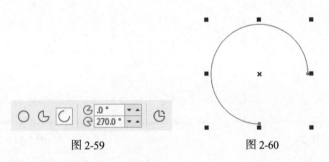

图 2-59　　　　　　　　　图 2-60

在"起始和结束角度" 中设置饼形和弧形的起始角度和终止角度，按 Enter 键，可以获得饼形和弧形角度的精确值，效果如图 2-61 所示。

图 2-61

技巧 椭圆形在选中状态下，在椭圆形属性栏中，单击"饼图"按钮或"弧"按钮，可以使图形在饼图和弧形之间转换。单击属性栏中的"更改方向"按钮，可以将饼形或弧形进行 180°的镜像。

3. 拖曳椭圆形的节点来绘制饼形和弧形

选择"椭圆形"工具，按住 Shift 键，绘制一个圆形。按 F10 键，快速选择"形状"工具，单击轮廓线上的节点并按住鼠标左键不放，如图 2-62 所示，向圆形内拖曳节点，如图 2-63 所示。松开鼠标左键，圆形变成饼形，效果如图 2-64 所示。向圆形外拖曳轮廓线上的节点，可使圆形变成弧形。

图 2-62　　　　　　　　　图 2-63　　　　　　　　　图 2-64

4. 绘制任意角度放置的椭圆形

选择"椭圆形"工具 ○ 展开式工具栏中的"3 点椭圆形"工具 ，在绘图页面中按住鼠标左键不放，拖曳光标到需要的位置，可绘制一条任意方向的线段作为椭圆形的一个轴，如图 2-65 所示。松开鼠标左键，再拖曳光标到需要的位置，即可确定椭圆形的形状，如图 2-66 所示。单击鼠标左键，椭圆形绘制完成，如图 2-67 所示。

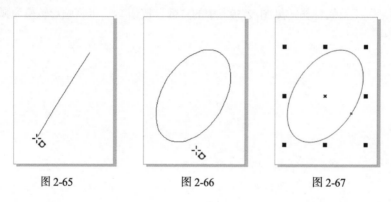

图 2-65　　　　　　　　　图 2-66　　　　　　　　　图 2-67

2.1.4　绘制基本形状

1. 绘制基本形状

单击"基本形状"工具 ，在属性栏中单击"完美形状"按钮 ，在弹出的面板中选择需要的基本图形，如图 2-68 所示。

在绘图页面中按住鼠标左键不放，从左上角向右下角拖曳光标到需要的位置，松开鼠标左键，基本图形绘制完成，效果如图 2-69 所示。

图 2-68　　　　　　图 2-69

2．绘制箭头图

单击"箭头形状"工具 ⇨，在属性栏中单击"完美形状"按钮 ⇨，在弹出的面板中选择需要的箭头图形，如图 2-70 所示。

在绘图页面中按住鼠标左键不放，从左上角向右下角拖曳光标到需要的位置，松开鼠标左键，箭头图形绘制完成，如图 2-71 所示。

图 2-70 图 2-71

3．绘制流程图图形

单击"流程图形状"工具 ，在属性栏中单击"完美形状"按钮 ，在弹出的面板中选择需要的流程图图形，如图 2-72 所示。

在绘图页面中按住鼠标左键不放，从左上角向右下角拖曳光标到需要的位置，松开鼠标左键，流程图图形绘制完成，如图 2-73 所示。

图 2-72 图 2-73

4．绘制标题图形

单击"标题形状"工具 ，在属性栏中单击"完美形状"按钮 ，在弹出的面板中选择需要的标题图形，如图 2-74 所示。

在绘图页面中按住鼠标左键不放，从左上角向右下角拖曳光标到需要的位置，松开鼠标左键，标题图形绘制完成，如图 2-75 所示。

图 2-74 图 2-75

5．绘制标注图形

单击"标注形状"工具 ，在属性栏中单击"完美形状"按钮 ，在弹出的面板中选择需要的标注图形，如图 2-76 所示。

在绘图页面中按住鼠标左键不放，从左上角向右下角拖曳光标到需要的位置，松开鼠标左键，标注图形绘制完成，如图 2-77 所示。

图 2-76   图 2-77

6．调整基本形状

绘制一个基本形状，如图 2-78 所示。单击要调整的基本图形的红色菱形符号，并按住鼠标左键不放将其拖曳到需要的位置，如图 2-79 所示。得到需要的形状后，松开鼠标左键，效果如图 2-80 所示。

图 2-78   图 2-79   图 2-80

提示 在流程图形状中没有红色菱形符号，所以不能对它进行调整。

2.1.5　课堂案例——绘制圣诞插画

【案例学习目标】学习使用贝塞尔工具、星形工具和多边形工具绘制圣诞树。

【案例知识要点】使用导入命令导入素材图片，使用星形工具、复制命令、垂直镜像按钮、贝塞尔工具绘制圣诞树，使用多边形工具、旋转角度选项和形状工具绘制树叶，效果如图 2-81 所示。

【效果所在位置】Ch02\效果\绘制圣诞插画.cdr。

图 2-81

（1）按 Ctrl+N 组合键，新建一个页面。在属性栏的"页面度量"选项中分别设置宽度为 298mm，高度为 420mm，按 Enter 键，页面尺寸显示为设置的大小。

（2）按 Ctrl+I 组合键，弹出"导入"对话框，选择本书学习资源中的"Ch02 > 素材 > 绘制圣诞插画 > 01"文件，单击"导入"按钮，在页面中单击导入图片，效果如图 2-82 所示。按 P 键，图片在页面中居中对齐，效果如图 2-83 所示。

图 2-82   图 2-83

（3）选择"星形"工具 ☆，在属性栏中的设置如图 2-84 所示，在适当的位置绘制一个三角形，设置图形颜色的 CMYK 值为 42、5、67、0，填充图形，并去除图形的轮廓线，效果如图 2-85 所示。

图 2-84   图 2-85

（4）按数字键盘上的+键，复制图形。选择"选择"工具 ▶，按住 Shift 键的同时，拖曳右上角的控制手柄，向中心等比例缩小图形，然后向上拖曳复制的图形到适当的位置，效果如图 2-86 所示。单击属性栏中的"垂直镜像"按钮 ，垂直翻转图形，效果如图 2-87 所示。

图 2-86   图 2-87

27

（5）选择"矩形"工具□，在适当的位置绘制一个矩形，设置图形颜色的 CMYK 值为 100、93、54、10，填充图形，效果如图 2-88 所示。按 Shift+PageDown 组合键，将其后移，效果如图 2-89 所示。

图 2-88　　　　　　　　　　　图 2-89

（6）选择"贝塞尔"工具✏，在适当的位置绘制一个不规则图形，如图 2-90 所示。设置图形颜色的 CMYK 值为 83、49、100、13，填充图形，并去除图形的轮廓线，效果如图 2-91 所示。用相同的方法绘制其他图形，并填充相应的颜色，效果如图 2-92 所示。

图 2-90　　　　　　图 2-91　　　　　　图 2-92

（7）选择"多边形"工具○，在属性栏中的设置如图 2-93 所示，在适当的位置绘制一个多边形，如图 2-94 所示。

图 2-93　　　　　　　　　　　　图 2-94

（8）在"CMYK 调色板"中的"橘红"色块上单击鼠标左键，填充图形，并去除图形的轮廓线，效果如图 2-95 所示。在属性栏的"旋转角度"○.0□框中设置数值为 15，按 Enter 键，效果如图 2-96 所示。

图 2-95　　　　　　　　　　　　图 2-96

（9）按数字键盘上的+键，复制图形。选择"选择"工具 ，拖曳复制的图形到适当的位置，并调整其大小，效果如图 2-97 所示。设置图形颜色的 CMYK 值为 40、0、100、0，填充图形，效果如图 2-98 所示。

图 2-97   图 2-98

（10）在属性栏的"旋转角度" 框中设置数值为 109，按 Enter 键，效果如图 2-99 所示。用相同的方法再复制其他多边形，并填充相应的颜色，效果如图 2-100 所示。

图 2-99   图 2-100

（11）选择"星形"工具 ，在属性栏中的设置如图 2-101 所示，在适当的位置绘制一个多角星形，单击属性栏中的"转换为曲线"按钮 ，将图形转换为曲线，如图 2-102 所示。选择"形状"工具 ，选取需要的节点，向左拖曳节点到适当的位置，如图 2-103 所示。

图 2-101   图 2-102   图 2-103

（12）用相同的方法调整图形其他的节点，效果如图 2-104 所示。在"CMYK 调色板"中的"黄"色块上单击鼠标左键，填充图形，并去除图形的轮廓线，效果如图 2-105 所示。

图 2-104　　　　　　　　图 2-105

（13）选择"选择"工具 ▲，用圈选的方法将所绘制的图形全部选取，按 Ctrl+G 组合键，将其群组，拖曳群组图形到页面中适当的位置，效果如图 2-106 所示。

（14）按 Ctrl+I 组合键，弹出"导入"对话框，选择本书学习资源中的"Ch02＞素材＞绘制圣诞插画＞02、03"文件，单击"导入"按钮，在页面中分别单击导入图片。选择"选择"工具 ▲，分别拖曳图片到适当的位置，效果如图 2-107 所示。圣诞插画绘制完成。

图 2-106　　　　　　　　图 2-107

2.1.6　绘制多边形

选择"多边形"工具 ⬠，在绘图页面中按住鼠标左键不放，拖曳光标到需要的位置，松开鼠标左键，多边形绘制完成，如图 2-108 所示。"多边形"属性栏如图 2-109 所示。

设置"多边形"属性栏中的"点数或边数" ⬠ 5 数值为 9，如图 2-110 所示，按 Enter 键，多边形效果如图 2-111 所示。

图 2-108　　　　　　图 2-109　　　　　　图 2-110　　　　　　图 2-111

绘制一个多边形，如图 2-112 所示。选择"形状"工具 ⬝，单击轮廓线上的节点并按住鼠标左键不放，如图 2-113 所示，向多边形内或外拖曳轮廓线上的节点，如图 2-114 所示，可以将多边形改变为星形，效果如图 2-115 所示。

图 2-112   图 2-113   图 2-114   图 2-115

2.1.7 绘制星形

选择"多边形"工具 ⬡ 展开式工具栏中的"星形"工具 ☆，在绘图页面中按住鼠标左键不放，拖曳光标到需要的位置，松开鼠标左键，星形绘制完成，如图 2-116 所示。"星形"属性栏如图 2-117 所示。设置"星形"属性栏中的"点数或边数" ☆ 5 数值为 8，按 Enter 键，星形效果如图 2-118 所示。

图 2-116   图 2-117   图 2-118

2.1.8 绘制螺旋形

1. 绘制对称式螺旋

选择"螺纹"工具 ⊚，在绘图页面中按住鼠标左键不放，从左上角向右下角拖曳光标到需要的位置，松开鼠标左键，对称式螺旋线绘制完成，如图 2-119 所示，属性栏如图 2-120 所示。

图 2-119   图 2-120

如果从右下角向左上角拖曳光标到需要的位置，则可以绘制出反向的对称式螺旋线。在 ⊚ 4 框中可以重新设定螺旋线的圈数，绘制需要的螺旋线效果。

2. 绘制对数螺旋

选择"螺纹"工具 ，在属性栏中单击"对数螺纹"按钮 ，在绘图页面中按住鼠标左键不放，从左上角向右下角拖曳光标到需要的位置，松开鼠标左键，对数式螺旋线绘制完成，如图 2-121 所示，属性栏如图 2-122 所示。

图 2-121   图 2-122

在 中可以重新设定螺旋线的扩展参数，将数值分别设定为 80 和 20 时，螺旋线向外扩展的效果如图 2-123 所示。当数值为 1 时，将绘制出对称式螺旋线。

图 2-123

按 A 键，快速选择"螺纹"工具 ，可在绘图页面中适当的位置绘制螺旋线。

按住 Ctrl 键，在绘图页面中绘制正圆螺旋线。

按住 Shift 键，在绘图页面中会以当前点为中心绘制螺旋线。

按住 Shift+Ctrl 组合键，在绘图页面中会以当前点为中心绘制正圆螺旋线。

2.2 编辑对象

在 CorelDRAW X8 中，可以使用强大的图形对象编辑功能对图形对象进行编辑，其中包括对象的多种选取方式、对象的缩放、移动、镜像、复制和删除以及对象的调整。本节将讲解多种编辑图形对象的方法和技巧。

2.2.1 课堂案例——绘制卡通汽车

【案例学习目标】学习使用对象编辑方法绘制卡通汽车。

【案例知识要点】使用矩形工具、椭圆形工具、变换泊坞窗、图框精确剪裁命令和水平镜像按钮绘制卡通汽车，效果如图 2-124 所示。

【效果所在位置】Ch02\效果\绘制卡通汽车.cdr。

图 2-124

（1）按 Ctrl+N 组合键，新建一个 A4 页面。选择"矩形"工具 ▢，在属性栏中的设置如图 2-125 所示，在页面中绘制一个圆角矩形，效果如图 2-126 所示。

图 2-125   图 2-126

（2）保持图形的选取状态。设置图形颜色的 CMYK 值为 0、90、100、0，填充图形，并去除图形的轮廓线，效果如图 2-127 所示。选择"选择"工具 �, 按住 Shift 键的同时，向内拖曳圆角矩形右上角的控制手柄到适当的位置，再单击鼠标右键，复制一个圆角矩形。设置图形颜色的 CMYK 值为 60、0、20、0，填充图形，效果如图 2-128 所示。

图 2-127   图 2-128

（3）选择"矩形"工具 ▢，绘制一个矩形，在属性栏中将"转角半径"选项均设为 30mm，按 Enter 键，圆角矩形效果如图 2-129 所示。在"CMYK 调色板"中的"90%黑"色块上单击鼠标左键，填充图形，并去除图形的轮廓线，效果如图 2-130 所示。

图 2-129   图 2-130

（4）选择"矩形"工具 ▢，在属性栏中的设置如图 2-131 所示，在适当的位置绘制一个圆角矩形，效果如图 2-132 所示。设置图形颜色的 CMYK 值为 0、90、100、0，填充图形，并去除图形的轮廓线，效果如图 2-133 所示。

图 2-131   图 2-132   图 2-133

（5）选择"矩形"工具 ▢，在属性栏中的设置如图 2-134 所示，在适当的位置绘制一个圆角矩形，效果如图 2-135 所示。设置图形颜色的 CMYK 值为 60、0、20、0，填充图形，并去除图形的轮廓线，效果如图 2-136 所示。

图 2-134   图 2-135   图 2-136

（6）保持图形的选取状态。按 Alt+F9 组合键，弹出"变换"泊坞窗，选项的设置如图 2-137 所示，单击"应用"按钮 应用 。设置图形颜色的 CMYK 值为 80、0、20、20，填充图形，效果如图 2-138 所示。

图 2-137   图 2-138

（7）选择"椭圆形"工具 ◯，按住 Ctrl 键的同时，在适当的位置绘制一个圆形。设置图形颜色的 CMYK 值为 60、0、20、0，填充图形，并去除图形的轮廓线，效果如图 2-139 所示。

（8）选择"选择"工具 ▸，按住 Shift 键的同时，向内拖曳圆形右上角的控制手柄到适当的位置，再单击鼠标右键，复制一个圆形。填充图形为白色，效果如图 2-140 所示。

（9）选择"选择"工具 ▸，用圈选的方法选取需要的图形，按数字键盘上的+键，复制图形。按住 Shift 键的同时，水平向右拖曳复制的图形到适当的位置，效果如图 2-141 所示。

图 2-139   图 2-140   图 2-141

（10）选择"椭圆形"工具○，按住 Ctrl 键的同时，在适当的位置绘制一个圆形。在"CMYK 调色板"中的"90%黑"色块上单击鼠标左键，填充图形，并去除图形的轮廓线，效果如图 2-142 所示。选择"选择"工具▶，按数字键盘上的+键，复制图形。按住 Shift 键的同时，水平向右拖曳复制的图形到适当的位置，效果如图 2-143 所示。

图 2-142   图 2-143

（11）选择"矩形"工具□，绘制一个矩形，在属性栏中将"转角半径"选项均设为 10mm，按 Enter 键，圆角矩形效果如图 2-144 所示。设置图形颜色的 CMYK 值为 60、0、20、0，填充图形，并去除图形的轮廓线，效果如图 2-145 所示。

图 2-144   图 2-145

（12）选择"矩形"工具□，在适当的位置绘制一个矩形，设置图形颜色的 CMYK 值为 80、0、20、20，填充图形，并去除图形的轮廓线，效果如图 2-146 所示。

（13）保持图形的选取状态。在"变换"泊坞窗中单击"倾斜"按钮，切换到相应的面板，勾选"使用锚点"复选框，其他选项的设置如图 2-147 所示，单击"应用"按钮 应用 ，倾斜图形，效果如图 2-148 所示。

图 2-146　　　　　　　　　　　图 2-147　　　　　　　　　　　图 2-148

（14）保持图形的选取状态。在"变换"泊坞窗中单击"位置"按钮 ✛，切换到相应的面板，选项的设置如图 2-149 所示，单击"应用"按钮 ▢应用▢ ，移动并复制图形，效果如图 2-150 所示。

图 2-149　　　　　　　　　　　　　　　　　　图 2-150

（15）选择"选择"工具 ▶，按住 Shift 键的同时，将复制的图形同时选取，按 Ctrl+G 组合键，将其群组。按 Ctrl+PageDown 组合键，将群组图形向后移动一层，效果如图 2-151 所示。

图 2-151

（16）选择"对象 > PowerClip > 置于图文框内部"命令，鼠标的光标变为黑色箭头形状，在圆角矩形上单击鼠标左键，如图 2-152 所示，将群组图形置入圆角矩形中，效果如图 2-153 所示。

图 2-152　　　　　　　　　　　图 2-153

（17）选择"3 点矩形"工具 ▢，绘制一个矩形，在属性栏中将"转角半径"选项均设为 10mm，按 Enter 键，圆角矩形效果如图 2-154 所示。设置图形颜色的 CMYK 值为 60、0、20、0，填充图形，并去除图形的轮廓线，效果如图 2-155 所示。

图 2-154　　　　　　　　　　　图 2-155

（18）选择"选择"工具，按数字键盘上的+键，复制图形。按住 Shift 键的同时，水平向右拖曳复制的图形到适当的位置，效果如图 2-156 所示。单击属性栏中的"水平镜像"按钮，水平翻转图形，效果如图 2-157 所示。卡通汽车绘制完成。

图 2-156　　　　　　　　　　　图 2-157

2.2.2　对象的选取

在 CorelDRAW X8 中，新建一个图形对象时，一般图形对象呈选取状态，在对象的周围出现圈选框，圈选框是由 8 个控制手柄组成的。对象的中心有一个"×"形的中心标记。对象的选取状态如图 2-158 所示。

中心标记　　　　　　　　　控制手柄

图 2-158

提示　在 CorelDRAW X8 中，如果要编辑一个对象，首先要选取这个对象。当选取多个图形对象时，多个图形对象共有一个圈选框。要取消对象的选取状态，只要在绘图页面中的其他位置单击鼠标左键或按 Esc 键即可。

1. 用鼠标点选的方法选取对象

选择"选择"工具，在要选取的图形对象上单击鼠标左键，即可选取该对象。

选取多个图形对象时，按住 Shift 键，依次单击选取的对象即可，同时选取的效果如图 2-159 所示。

图 2-159

2. 用鼠标圈选的方法选取对象

选择"选择"工具 ▶，在绘图页面中要选取的图形对象外围单击鼠标左键并拖曳光标，拖曳后会出现一个蓝色的虚线圈选框，如图 2-160 所示；在圈选框完全圈选住对象后松开鼠标左键，被圈选的对象即处于选取状态，如图 2-161 所示。用圈选的方法可以同时选取一个或多个对象。

图 2-160　　　　　　　　　图 2-161

在圈选的同时按住 Alt 键，蓝色的虚线圈选框接触到的对象都将被选取，如图 2-162 所示。

图 2-162

3. 使用命令选取对象

选择"编辑 > 全选"子菜单下的各个命令来选取对象，或按 Ctrl+A 组合键，可以选取绘图页面中的全部对象。

技巧 　当绘图页面中有多个对象时，按空格键，快速选择"选择"工具 ▶，连续按 Tab 键，可以依次选择下一个对象。按住 Shift 键，再连续按 Tab 键，可以依次选择上一个对象。按住 Ctrl 键，用光标点选可以选取群组中的单个对象。

2.2.3　对象的缩放

1．使用鼠标缩放对象

使用"选择"工具 选取要缩放的对象，对象的周围出现控制手柄。

用鼠标拖曳控制手柄可以缩放对象。拖曳对角线上的控制手柄可以按比例缩放对象，如图 2-163 所示。拖曳中间的控制手柄可以不按比例缩放对象，如图 2-164 所示。

图 2-163　　　　　　　　　　　　　　　　图 2-164

拖曳对角线上的控制手柄时，按住 Ctrl 键，对象会以 100%的比例缩放。同时按 Shift+Ctrl 组合键，对象会以 100%的比例从中心缩放。

2．使用"自由变换"工具 缩放对象

使用"选择"工具 并选取要缩放的对象，对象的周围出现控制手柄。选择"选择"工具 展开式工具栏中的"自由变换"工具 ，选中"自由缩放"按钮 ，属性栏如图 2-165 所示。

X: 105.0 mm　70.313 mm　100.0 %　0　105.0 mm
Y: 148.5 mm　100.0 mm　100.0 %　148.5 mm

图 2-165

在"自由变换"工具属性栏中的"对象大小" 中，输入对象的宽度和高度。如果选择了"缩放因子" 中的锁按钮 ，则宽度和高度将按比例缩放，只要改变宽度和高度中的一个值，另一个值就会自动按比例调整。

在"自由变换"工具属性栏中调整好宽度和高度后，按 Enter 键，完成对象的缩放。缩放的效果如图 2-166 所示。

图 2-166

3．使用"变换"泊坞窗缩放对象

使用"选择"工具 选取要缩放的对象，如图 2-167 所示。选择"窗口 > 泊坞窗 > 变换 > 大小"命令，或按 Alt+F10 组合键，弹出"变换"泊坞窗，如图 2-168 所示。其中，"X"表示宽度，"Y"表示高度。如果不勾选"按比例"复选框，就可以不按比例缩放对象。

在"变换"泊坞窗中，图 2-169 所示的是可供选择的圈选框控制手柄 8 个点的位置，单击一个按钮以定义一个在缩放对象时保持固定不动的点，缩放的对象将基于这个点进行缩放，这个点可以决定缩放后的图形与原图形的相对位置。

图 2-167　　　　　　　　图 2-168　　　　　　　　图 2-169

设置好需要的数值，如图 2-170 所示，单击"应用"按钮，对象的缩放完成，效果如图 2-171 所示。"副本"选项，可以复制生成多个缩放好的对象。

图 2-170　　　　　　　　图 2-171

选择"窗口 > 泊坞窗 > 变换 > 缩放和镜像"命令，或按 Alt+F9 组合键，在弹出的"变换"泊坞窗中可以对对象进行缩放。

2.2.4　对象的移动

1. 使用工具和键盘移动对象

使用"选择"工具 选取要移动的对象，如图 2-172 所示。使用"选择"工具 或其他的绘图工具，将鼠标的光标移到对象的中心控制点，光标将变为十字箭头形 ，如图 2-173 所示。按住鼠标左键不放，拖曳对象到需要的位置，松开鼠标左键，完成对象的移动，效果如图 2-174 所示。

图 2-172　　　　　　　　图 2-173　　　　　　　　图 2-174

选取要移动的对象，用键盘上的方向键可以微调对象的位置，系统使用默认值时，对象将以 0.1 英寸的增量移动。选择"选择"工具 ▶ 后不选取任何对象，在属性栏的 ⊕ .1 mm ⋮ 框中可以重新设定每次微调移动的距离。

2. 使用属性栏移动对象

选取要移动的对象，在属性栏的"对象位置" X: 45.068 mm Y: 93.79 mm 框中输入对象要移动到的新位置的横坐标和纵坐标，可移动对象。

3. 使用"变换"泊坞窗移动对象

选取要移动的对象，选择"窗口 > 泊坞窗 > 变换 > 位置"命令，或按 Alt+F7 组合键，将弹出"变换"泊坞窗，"X"表示对象所在位置的横坐标，"Y"表示对象所在位置的纵坐标。如果勾选"相对位置"复选框，对象将相对于原位置的中心进行移动。设置好后，单击"应用"按钮，或按 Enter 键，完成对象的移动。移动前后的位置如图 2-175 所示。

图 2-175

设置好数值后，在"副本"选项中输入数值 1，可以在移动的新位置复制生成一个新的对象。

2.2.5 对象的镜像

镜像效果经常被应用到设计作品中。在 CorelDRAW X8 中，可以使用多种方法使对象沿水平、垂直或对角线的方向做镜像翻转。

1. 使用鼠标镜像对象

选取镜像对象，如图 2-176 所示。按住鼠标左键直接拖曳控制手柄到相对的边，直到显示对象的蓝色虚线框，如图 2-177 所示，松开鼠标左键就可以得到不规则的镜像对象，如图 2-178 所示。

图 2-176   图 2-177   图 2-178

按住 Ctrl 键，直接拖曳左边或右边中间的控制手柄到相对的边，可以完成保持原对象比例的水平镜像，如图 2-179 所示。按住 Ctrl 键，直接拖曳上边或下边中间的控制手柄到相对的边，可以完成保持原对象比例的垂直镜像，如图 2-180 所示。按住 Ctrl 键，直接拖曳边角上的控制手柄到相对的边，可以完成保持原对象比例的沿对角线方向的镜像，如图 2-181 所示。

图 2-179　　　　　　　图 2-180　　　　　　　图 2-181

提示　　在镜像的过程中，只能使对象本身产生镜像。如果想产生图 2-179、图 2-180 和图 2-181 所示的效果，就要在镜像的位置生成一个复制对象。方法很简单，在松开鼠标左键之前按下鼠标右键，就可以在镜像的位置生成一个复制对象。

2. 使用属性栏镜像对象

使用"选择"工具 选取要镜像的对象，如图 2-182 所示，属性栏如图 2-183 所示。

图 2-182　　　　　　　　　　图 2-183

单击属性栏中的"水平镜像"按钮 ，可以使对象沿水平方向做镜像翻转。单击"垂直镜像"按钮 ，可以使对象沿垂直方向做镜像翻转。

3. 使用"变换"泊坞窗镜像对象

选取要镜像的对象，选择"窗口 > 泊坞窗 > 变换 > 缩放和镜像"命令，或按 Alt+F9 组合键，弹出"变换"泊坞窗，单击"水平镜像"按钮 ，可以使对象沿水平方向做镜像翻转。单击"垂直镜像"按钮 ，可以使对象沿垂直方向做镜像翻转。设置好需要的数值，单击"应用"按钮即可看到镜像效果。

还可以设置产生一个变形的镜像对象。在"变换"泊坞窗进行如图 2-184 所示的参数设定，设置好后，单击"应用到再制"按钮，生成一个变形的镜像对象，效果如图 2-185 所示。

图 2-184

图 2-185

2.2.6 对象的旋转

1. 使用鼠标旋转对象

使用"选择"工具 选取要旋转的对象，对象的周围出现控制手柄。再次单击对象，这时对象的周围出现旋转 和倾斜 控制手柄，如图 2-186 所示。

图 2-186

将鼠标的光标移动到旋转控制手柄上，这时的光标变为旋转符号 ，如图 2-187 所示。按住鼠标左键，拖曳鼠标旋转对象，旋转时对象会出现蓝色的虚线框指示旋转方向和角度，如图 2-188 所示。旋转到需要的角度后，松开鼠标左键，完成对象的旋转，效果如图 2-189 所示。

图 2-187   图 2-188   图 2-189

对象是围绕旋转中心 旋转的，默认的旋转中心 是对象的中心点，将鼠标光标移动到旋转中心上，按住鼠标左键拖曳旋转中心 到需要的位置，松开鼠标左键，完成对旋转中心的移动。

2. 使用属性栏旋转对象

选取要旋转的对象，效果如图 2-190 所示。选择"选择"工具 ，在属性栏的"旋转角度"文本框中输入旋转的角度数值为 30.0，如图 2-191 所示，按 Enter 键，效果如图 2-192 所示。

图 2-190　　　　　　　　图 2-191　　　　　　　　图 2-192

3．使用"变换"泊坞窗旋转对象

选取要旋转的对象，如图 2-193 所示。选择"窗口 > 泊坞窗 > 变换 > 旋转"命令，或按 Alt+F8 组合键，弹出"变换"泊坞窗，设置如图 2-194 所示。也可以在已打开的"变换"泊坞窗中单击"旋转"按钮 。

图 2-193　　　　　　　　　　　　　图 2-194

在"变换"泊坞窗的"旋转"设置区的"角度"选项框中直接输入旋转的角度数值，旋转角度数值可以是正值也可以是负值。在"中心"选项的设置区中输入旋转中心的坐标位置。勾选"相对中心"复选框，对象将以选中的点为旋转中心进行旋转。"变换"泊坞窗如图 2-195 所示进行设定，设置完成后，单击"应用"按钮，对象旋转的效果如图 2-196 所示。

图 2-195　　　　　　　　　　　图 2-196

2.2.7　对象的倾斜变形

1．使用鼠标倾斜变形对象

选取要倾斜变形的对象，对象的周围出现控制手柄。再次单击对象，这时对象的周围出现旋转 和倾斜 控制手柄，如图 2-197 所示。

将鼠标的光标移动到倾斜控制手柄上，光标变为倾斜符号 ⇄，如图 2-198 所示。按住鼠标左键，拖曳鼠标变形对象，倾斜变形时对象会出现蓝色的虚线框指示倾斜变形的方向和角度，如图 2-199 所示。倾斜到需要的角度后，松开鼠标左键，对象倾斜变形的效果如图 2-200 所示。

图 2-197　　　　　　　　图 2-198　　　　　　　　图 2-199　　　　　　　　图 2-200

2. 使用"变换"泊坞窗倾斜变形对象

选取倾斜变形对象，如图 2-201 所示。选择"窗口 > 泊坞窗 > 变换 > 倾斜"命令，弹出"变换"泊坞窗，如图 2-202 所示。也可以在已打开的"变换"泊坞窗中单击"倾斜"按钮 ▱。

图 2-201　　　　　　　　　　图 2-202

在"变换"泊坞窗中设定倾斜变形对象的数值，如图 2-203 所示，单击"应用"按钮，对象产生倾斜变形，效果如图 2-204 所示。

图 2-203　　　　　　　　　　图 2-204

2.2.8　对象的复制

1. 使用命令复制对象

选取要复制的对象，如图 2-205 所示。选择"编辑 > 复制"命令，或按 Ctrl+C 组合键，对象的副本将被放置在剪贴板中。选择"编辑 > 粘贴"命令，或按 Ctrl+V 组合键，对象的副本被粘贴到原对象的下面，位置和原对象是相同的。用鼠标移动对象，可以显示复制的对象，如图 2-206 所示。

图 2-205   图 2-206

提示 选择"编辑 > 剪切"命令，或按 Ctrl+X 组合键，对象将从绘图页面中删除并被放置在剪贴板上。

2. 使用鼠标拖曳方式复制对象

选取要复制的对象，如图 2-207 所示。将鼠标光标移动到对象的中心点上，光标变为移动光标✛，如图 2-208 所示。按住鼠标左键拖曳对象到需要的位置，如图 2-209 所示。在位置合适后单击鼠标右键，对象的复制完成，效果如图 2-210 所示。

图 2-207   图 2-208

图 2-209   图 2-210

选取要复制的对象，用鼠标右键单击并拖曳对象到需要的位置，松开鼠标右键后弹出如图 2-211 所示的快捷菜单，选择"复制"命令，对象的复制完成，效果如图 2-212 所示。

图 2-211   图 2-212

使用"选择"工具 选取要复制的对象，在数字键盘上按+键，可以快速复制对象。

提示 在两个不同的绘图页面中复制对象，使用鼠标左键拖曳其中一个绘图页面中的对象到另一个绘图页面中，在松开鼠标左键前单击鼠标右键即可复制对象。

3. 使用命令复制对象属性

选取要复制属性的对象，如图 2-213 所示。选择"编辑 > 复制属性自"命令，弹出"复制属性"对话框，在对话框中勾选"填充"复选框，如图 2-214 所示，单击"确定"按钮，鼠标光标显示为黑色箭头，在要复制其属性的对象上单击，如图 2-215 所示，对象的属性复制完成，效果如图 2-216 所示。

图 2-213   图 2-214

图 2-215   图 2-216

2.2.9 对象的删除

在 CorelDRAW X8 中可以方便快捷地删除对象。下面介绍如何删除不需要的对象。

选取要删除的对象，选择"编辑 > 删除"命令，或按 Delete 键，如图 2-217 所示，可以将选取的对象删除。

图 2-217

> **提示** 如果想删除多个或全部的对象，首先要选取这些对象，再执行"删除"命令或按 Delete 键。

课堂练习——绘制游戏机

【练习知识要点】使用椭圆形工具、3 点椭圆形工具、矩形工具、3 点矩形工具和基本形状工具绘制游戏机，效果如图 2-218 所示。

【效果所在位置】Ch02\效果\绘制游戏机.cdr。

图 2-218

课后习题——绘制徽章

【习题知识要点】使用椭圆形工具、复制命令、复杂星形工具和多边形工具绘制中心徽章，使用多边形工具和形状工具绘制中心星形，使用 3 点椭圆形工具、复制命令和旋转命令制作徽章两侧的图形，使用星形工具绘制下方的星形，效果如图 2-219 所示。

【效果所在位置】Ch02\效果\绘制徽章.cdr。

图 2-219

第3章 绘制和编辑曲线

本章介绍

CorelDRAW X8 提供了多种绘制和编辑曲线的方法。绘制曲线是进行图形作品绘制的基础。而应用修整功能可以制作出复杂多变的图形效果。通过学习本章内容，读者可以更好地掌握绘制曲线和修整图形的方法，为绘制出更复杂、更绚丽的作品打好基础。

学习目标

- 了解曲线的概念。
- 掌握绘制曲线的方法。
- 掌握编辑曲线的技巧。
- 熟练掌握修整功能里的各种命令的操作方法。

技能目标

- 掌握"卡通猫"的绘制方法。
- 掌握"卡通形象"的绘制方法。
- 掌握"抽象画"的绘制方法。

3.1　绘制曲线

　　在 CorelDRAW X8 中绘制出的作品都是由几何对象构成的，而几何对象的构成元素是直线和曲线。通过学习绘制直线和曲线，读者可以进一步掌握 CorelDRAW X8 强大的绘图功能。

3.1.1　课堂案例——绘制卡通猫

　　【案例学习目标】学习使用 3 点曲线工具、B 样条工具、2 点线工具和贝塞尔工具绘制卡通猫。
　　【案例知识要点】使用贝塞尔工具和钢笔工具绘制卡通猫身体及尾巴，使用 3 点曲线工具、B 样条工具、2 点线工具绘制装饰图形，使用轮廓笔对话框填充图形，效果如图 3-1 所示。
　　【效果所在位置】Ch03\效果\绘制卡通猫.cdr。

图 3-1

　　（1）按 Ctrl+N 组合键，新建一个 A4 页面。选择"贝塞尔"工具 ✐，在适当的位置绘制一个图形，如图 3-2 所示。设置图形颜色的 CMYK 值为 2、64、47、0，填充图形，在"无填充"按钮 ⊠ 上单击鼠标右键，去除图形的轮廓线，效果如图 3-3 所示。

图 3-2　　　　　　　　　图 3-3

　　（2）选择"3 点曲线"工具 ⚞，在适当的位置绘制一条曲线，如图 3-4 所示。按 F12 键，弹出"轮廓笔"对话框，在"颜色"选项中设置轮廓线颜色的 CMYK 值为 62、100、100、59，其他选项的设置如图 3-5 所示，单击"确定"按钮，效果如图 3-6 所示。

图 3-4　　　　　　　　　　　图 3-5　　　　　　　　　　　图 3-6

（3）选择"选择"工具 ，按数字键盘上的+键，复制图形。按住 Shift 键的同时，水平向右拖曳图形到适当的位置，效果如图 3-7 所示。

（4）选择"椭圆形"工具 ，按住 Ctrl 键的同时，绘制一个圆形。设置图形颜色为白色，填充图形，并去除图形的轮廓线，效果如图 3-8 所示。

（5）选择"选择"工具 ，按数字键盘上的+键，复制图形。按住 Shift 键的同时，水平向右拖曳图形到适当的位置，效果如图 3-9 所示。

图 3-7　　　　　　　　　　　图 3-8　　　　　　　　　　　图 3-9

（6）选择"B 样条"工具 ，在适当的位置绘制一个图形，如图 3-10 所示。设置图形颜色的 CMYK 值为 62、100、100、59，填充图形，效果如图 3-11 所示。

图 3-10　　　　　　　　　　　图 3-11

（7）选择"B 样条"工具 ，在适当的位置绘制一条曲线，如图 3-12 所示。按 F12 键，弹出"轮廓笔"对话框，在"颜色"选项中设置轮廓线颜色的 CMYK 值为 62、100、100、59，其他选项的设置如图 3-13 所示，单击"确定"按钮，效果如图 3-14 所示。

图 3-12　　　　　　　　　　　　图 3-13　　　　　　　　　　　　图 3-14

（8）选择"B 样条"工具，在适当的位置绘制一个图形，设置图形颜色为白色，填充图形，并去除图形的轮廓线，效果如图 3-15 所示。按 Ctrl+PageDown 组合键，后移图形，效果如图 3-16 所示。

图 3-15　　　　　　　　　　　　　　　图 3-16

（9）选择"2 点线"工具，绘制一条直线，如图 3-17 所示。按 F12 键，弹出"轮廓笔"对话框，在"颜色"选项中设置轮廓线颜色的 CMYK 值为 62、100、100、59，其他选项的设置如图 3-18 所示，单击"确定"按钮，效果如图 3-19 所示。用相同的方法绘制其他图形，效果如图 3-20 所示。

图 3-17　　　　　　　　　　　　图 3-18

图 3-19　　　　　　　　　　　　图 3-20

（10）选择"选择"工具，用圈选的方法选取需要的图形，如图 3-21 所示，按 Ctrl+G 组合键，将其进行群组。按数字键盘上的+键，复制图形。单击属性栏中的"水平镜像"按钮，水平翻转复制的图形，再单击属性栏中的"垂直镜像"按钮 ，垂直翻转复制的图形，将其拖曳到适当的位置，效果如图 3-22 所示。

图 3-21   图 3-22

（11）选择"贝塞尔"工具 ，在适当的位置绘制一个图形，设置图形颜色的 CMYK 值为 62、100、100、59，填充图形，并去除图形的轮廓线，效果如图 3-23 所示。连续多次按 Ctrl+PageDown 组合键，向后移动图形，效果如图 3-24 所示。

图 3-23   图 3-24

（12）选择"3 点曲线"工具 ，绘制一条曲线，如图 3-25 所示。按 F12 键，弹出"轮廓笔"对话框，在"颜色"选项中设置轮廓线颜色的 CMYK 值为 2、64、47、0，其他选项的设置如图 3-26 所示，单击"确定"按钮，效果如图 3-27 所示。用相同的方法绘制其他曲线，效果如图 3-28 所示。

图 3-25   图 3-26   图 3-27   图 3-28

（13）选择"3 点椭圆形"工具 ，在适当的位置绘制一个椭圆形，设置图形颜色的 CMYK 值为 100、89、55、16，填充图形，并去除图形的轮廓线，效果如图 3-29 所示。

（14）选择"B 样条"工具 ，在适当的位置绘制一个图形，设置图形颜色的 CMYK 值为 69、11、26、0，填充图形，并去除图形的轮廓线，效果如图 3-30 所示。

图 3-29   图 3-30

（15）选择"钢笔"工具，在适当的位置绘制图形，设置图形颜色的 CMYK 值为 100、89、55、16，填充图形，效果如图 3-31 所示。用相同的方法绘制其他图形，并填充适当的颜色，效果如图 3-32 所示。连续多次按 Ctrl+PageDown 组合键，向后移动图形，效果如图 3-33 所示。

图 3-31   图 3-32   图 3-33

（16）选择"B 样条"工具，在适当的位置绘制一个图形，设置图形颜色的 CMYK 值为 69、11、26、0，填充图形，并去除图形的轮廓线，效果如图 3-34 所示。用相同的方法绘制其他图形，并分别填充适当的颜色，效果如图 3-35 所示。

图 3-34   图 3-35

3.1.2　认识曲线

在 CorelDRAW X8 中，曲线是矢量图形的组成部分。可以使用绘图工具绘制曲线，也可以将任何的矩形、多边形、椭圆以及文本对象转换成曲线。下面对曲线的节点、线段、控制线和控制点等概念进行讲解。

节点：构成曲线的基本要素，可以通过定位、调整节点、调整节点上的控制点来绘制和改变曲线的形状；可以通过在曲线上增加和删除节点使曲线的绘制更加简便；可以通过转换节点的性质，将直线和曲线的节点相互转换，使直线段转换为曲线段或使曲线段转换为直线段。

线段：指两个节点之间的部分。线段包括直线段和曲线段，直线段在转换成曲线段后，可以进行曲线特性的操作，如图 3-36 所示。

图 3-36

控制线：在绘制曲线的过程中，节点的两端会出现蓝色的虚线。选择"形状"工具 ，在已经绘制好的曲线的节点上单击鼠标左键，节点的两端会出现控制线。

提示 直线段的节点没有控制线。直线段转换为曲线段后，节点上会出现控制线。

控制点：在绘制曲线的过程中，节点的两端会出现控制线，在控制线的两端是控制点。通过拖曳或移动控制点可以调整曲线的弯曲程度，如图 3-37 所示。

图 3-37

3.1.3 贝塞尔工具

"贝塞尔"工具 可以绘制平滑、精确的曲线。可以通过确定节点和改变控制点的位置来控制曲线的弯曲度。可以使用节点和控制点对绘制完的直线或曲线进行精确的调整。

1. 绘制直线和折线

选择"贝塞尔"工具 ，在绘图页面中单击鼠标左键以确定直线的起点，拖曳鼠标光标到需要的位置，再单击鼠标左键以确定直线的终点，绘制出一段直线。只要确定下一个节点，就可以绘制出折线的效果，如果想绘制出多个折角的折线，只要继续确定节点即可，如图 3-38 所示。

如果双击折线上的节点，将删除这个节点，折线的另外两个节点将自动连接，效果如图 3-39 所示。

图 3-38   图 3-39

2．绘制曲线

选择"贝塞尔"工具 ✎，在绘图页面中按住鼠标左键并拖曳以确定曲线的起点，松开鼠标左键，这时该节点的两边出现控制线和控制点，如图 3-40 所示。

将鼠标的光标移动到需要的位置按住鼠标左键，在两个节点间出现一条曲线段，拖曳鼠标，第 2 个节点的两边出现控制线和控制点，控制线和控制点会随着光标的移动而发生变化，曲线的形状也会随之发生变化，调整到需要的效果后松开鼠标左键，如图 3-41 所示。

在下一个需要的位置单击鼠标左键后，将出现一条连续的平滑曲线，如图 3-42 所示。用"形状"工具 ⤵，在第 2 个节点处单击鼠标左键，出现控制线和控制点，效果如图 3-43 所示。

| 图 3-40 | 图 3-41 | 图 3-42 | 图 3-43 |

技巧 当确定一个节点后，在这个节点上双击，再单击确定下一个节点后出现直线。当确定一个节点后，在这个节点上双击，在要添加下一个节点的位置处拖曳出现曲线。

3.1.4 艺术笔工具

在 CorelDRAW X8 中，使用"艺术笔"工具 ⤵ 可以绘制出多种精美的线条和图形，可以模仿画笔的真实效果，在画面中产生丰富的变化。通过使用"艺术笔"工具可以绘制出不同风格的设计作品。

选择"艺术笔"工具 ⤵，属性栏如图 3-44 所示。属性栏中包含了 5 种模式 ⋈ ▮ ◨ ◈ ▲，分别是"预设"模式、"笔刷"模式、"喷涂"模式、"书法"模式和"压力"模式。下面具体介绍这 5 种模式。

图 3-44

1．预设模式

预设模式提供了多种线条类型，并且可以改变曲线的宽度。单击属性栏的"预设笔触"右侧的按钮 ▾，弹出其下拉列表，如图 3-45 所示。在线条列表框中选择需要的线条类型。

单击属性栏中的"手绘平滑"设置区，弹出滑动条 ⌃ 100 ✛，拖曳滑动条或输入数值可以调节绘图时线条的平滑程度。在"笔触宽度" ⬛ 10.0 mm ⬍ 框中输入数值可以设置曲线的宽度。选择"预设"模式和线条类型后，鼠标的光标变为 ✎ 形状，在绘图页面中按住鼠标左键并拖曳，可以绘制出封闭的线条图形。

2．笔刷模式

笔刷模式提供了多种颜色样式的画笔，将画笔运用在绘制的曲线上，可以绘制出漂亮的效果。

在属性栏中单击"笔刷"模式按钮 ，单击属性栏的"笔刷笔触"右侧的按钮 ，弹出其下拉列表，如图 3-46 所示。在列表框中单击选择需要的笔刷类型，在页面中按住鼠标左键并拖曳，绘制出所需要的图形。

图 3-45   图 3-46

3．喷涂模式

喷涂模式提供了多种有趣的图形对象，这些图形对象可以应用在绘制的曲线上。可以在属性栏的"喷涂列表文件列表"下拉列表框中选择喷雾的形状来绘制需要的图形。

在属性栏中单击"喷涂"模式按钮 ，属性栏如图 3-47 所示。单击属性栏中"喷射图样"右侧的按钮 ，弹出其下拉列表，如图 3-48 所示。在列表框中单击选择需要的喷涂类型。单击属性栏中"喷涂顺序" 右侧的按钮，弹出下拉列表，可以选择喷出图形的顺序。选择"随机"选项，喷出的图形将会随机分布。选择"顺序"选项，喷出的图形将会以方形区域分布。选择"按方向"选项，喷出的图形将会随鼠标拖曳的路径分布。在页面中按住鼠标左键并拖曳，绘制出需要的图形。

图 3-47   图 3-48

4. 书法模式

书法模式可以绘制出类似书法笔的效果，可以改变曲线的粗细。

在属性栏中单击"书法"模式按钮，属性栏如图 3-49 所示。在属性栏的"书法角度" 选项中，可以设置"笔触"和"笔尖"的角度。如果角度值设为 0°，书法笔垂直方向画出的线条最粗，笔尖是水平的。如果角度值设置为 90°，书法笔水平方向画出的线条最粗，笔尖是垂直的。在绘图页面中按住鼠标左键并拖曳绘制图形。

图 3-49

5. 压力模式

压力模式可以用压力感应笔或键盘输入的方式改变线条的粗细，应用好这个功能可以绘制出特殊的图形效果。

在属性栏的"预置笔触列表"模式中选择需要的画笔，单击"压力"模式按钮，属性栏如图 3-50 所示。在"压力"模式中设置好压力感应笔的平滑度和画笔的宽度，在绘图页面中按住鼠标左键并拖曳绘制图形。

图 3-50

3.1.5 钢笔工具

"钢笔"工具可以绘制出多种精美的曲线和图形，还可以对已绘制的曲线和图形进行编辑和修改。在 CorelDRAW X8 中绘制各种复杂图形都可以通过钢笔工具来完成。

1. 绘制直线和折线

选择"钢笔"工具，在绘图页面中单击鼠标左键以确定直线的起点，拖曳鼠标光标到需要的位置，再单击鼠标左键以确定直线的终点，绘制出一段直线，效果如图 3-51 所示。再继续单击鼠标左键确定下一个节点，就可以绘制出折线的效果，如果想绘制出多个折角的折线，只要继续单击鼠标左键确定节点就可以了，折线的效果如图 3-52 所示。要结束绘制，按 Esc 键或单击"钢笔"工具即可。

图 3-51   图 3-52

2. 绘制曲线

选择"钢笔"工具，在绘图页面中单击鼠标左键以确定曲线的起点。松开鼠标左键，将鼠标的光标移动到需要的位置再按住鼠标左键不放，在两个节点间出现一条直线段，如图 3-53 所示。拖曳鼠标，第 2 个节点的两边出现控制线和控制点，控制线和控制点会随着鼠标的拖曳而发生变化，直线段变为曲线的形状，如图 3-54 所示。调整到需要的效果后松开鼠标左键，曲线的效果如图 3-55 所示。

图 3-53   图 3-54   图 3-55

使用相同的方法可以对曲线继续绘制，效果如图 3-56 和图 3-57 所示。绘制完成的曲线效果如图 3-58 所示。

如果想在绘制曲线后绘制出直线，按住 C 键，在要继续绘制出直线的节点上按住鼠标左键并拖曳，这时出现节点的控制点。松开 C 键，将控制点拖曳到下一个节点的位置，如图 3-59 所示。松开鼠标左键，再单击鼠标左键，可以绘制出一段直线，效果如图 3-60 所示。

图 3-56   图 3-57   图 3-58   图 3-59   图 3-60

3. 编辑曲线

在"钢笔"工具属性栏中选择"自动添加或删除节点"按钮 ，曲线绘制的过程变为自动添加或删除节点模式。

将"钢笔"工具的光标移动到节点上，光标变为删除节点形状 ，如图 3-61 所示。单击鼠标左键可以删除节点，效果如图 3-62 所示。

将"钢笔"工具的光标移动到曲线上，光标变为添加节点形状 ，如图 3-63 所示。单击鼠标左键可以添加节点，效果如图 3-64 所示。

图 3-61   图 3-62   图 3-63   图 3-64

将"钢笔"工具的光标移动到曲线的起始点，光标变为闭合曲线形状 🖋₀ ，如图 3-65 所示。单击鼠标左键可以闭合曲线，效果如图 3-66 所示。

图 3-65   图 3-66

技巧　绘制曲线的过程中，按住 Alt 键，可以编辑曲线段，进行节点的转换、移动和调整等操作；松开 Alt 键可以继续进行绘制。

3.2　编辑曲线

在 CorelDRAW X8 中，完成曲线或图形的绘制后，可能还需要进一步调整曲线或图形来达到设计方面的要求，这时就需要使用 CorelDRAW X8 的编辑曲线功能来进行更完善的编辑。

3.2.1　课堂案例——绘制卡通形象

【案例学习目标】学习使用编辑曲线工具绘制卡通形象。

【案例知识要点】使用椭圆形工具、转换为曲线命令和形状工具绘制并编辑图形，使用椭圆形工具、矩形工具、贝塞尔工具和图框精确剪裁命令绘制五官及身体部分，效果如图 3-67 所示。

【效果所在位置】Ch03\效果\绘制卡通形象.cdr。

图 3-67

（1）按 Ctrl+N 组合键，新建一个 A4 页面。双击"矩形"工具 □，绘制一个与页面大小相等的矩形，在"CMYK 调色板"中的"20%黑"色块上单击鼠标左键，填充图形；在"无填充"按钮 ⊠ 上单击鼠标右键，去除图形的轮廓线，效果如图 3-68 所示。选择"椭圆形"工具 ○，在适当的位置绘制一个椭圆形，如图 3-69 所示。

图 3-68   图 3-69

（2）单击属性栏中的"转换为曲线"按钮 ⟳，将图形转换为曲线，如图 3-70 所示。选择"形状"工具 ⬙，选取需要的节点，节点上出现控制线，单击属性栏中的"平滑节点"按钮 ⟋，将节点转换为平滑节点，如图 3-71 所示。

（3）选取右下方的控制线并将其拖曳到适当的位置，效果如图 3-72 所示。用相同的方法调整其他节点的控制线，效果如图 3-73 所示。

图 3-70   图 3-71   图 3-72   图 3-73

（4）选择"选择"工具 ⬙，选取图形，设置图形颜色的 CMYK 值为 0、86、55、0，填充图形，并去除图形的轮廓线，效果如图 3-74 所示。

（5）选择"椭圆形"工具 ○，按住 Ctrl 键的同时，在适当的位置绘制一个圆形，如图 3-75 所示。在"CMYK 调色板"中的"20%黑"色块上单击鼠标左键，填充图形，并去除图形的轮廓线，效果如图 3-76 所示。

图 3-74   图 3-75   图 3-76

（6）按数字键盘上的+键，复制圆形。选择"选择"工具 ⬙，向左上角微调圆形到适当的位置，填充图形为白色，效果如图 3-77 所示。用相同的方法再复制其他圆形，并调整其大小，填充相应的颜色，效果如图 3-78 所示。

（7）选择"选择"工具 ，用圈选的方法将所绘制的圆形全部选取，按 Ctrl+G 组合键，将其群组，如图 3-79 所示。按数字键盘上的+键，复制图形。选择"选择"工具 ，按住 Shift 键的同时，水平向右拖曳复制的图形到适当的位置，效果如图 3-80 所示。

图 3-77   图 3-78   图 3-79   图 3-80

（8）选择"贝塞尔"工具 ，在适当的位置绘制一个不规则图形，设置图形颜色的 CMYK 值为81、100、56、30，填充图形，并去除图形的轮廓线，效果如图 3-81 所示。

（9）选择"椭圆形"工具 ，在适当的位置绘制一个椭圆形，设置图形颜色的 CMYK 值为 67、84、0、0，填充图形，并去除图形的轮廓线，效果如图 3-82 所示。

图 3-81   图 3-82

（10）选择"矩形"工具 ，在适当的位置绘制一个矩形，填充图形为白色，并去除图形的轮廓线，效果如图 3-83 所示。在属性栏中将"转角半径"选项均设为 10mm，按 Enter 键，效果如图 3-84 所示。

图 3-83   图 3-84

（11）选择"选择"工具 ，按住 Shift 键的同时，单击椭圆形将其同时选取，如图 3-85 所示。选择"对象 > PowerClip > 置于图文框内部"命令，鼠标光标变为黑色箭头，在不规则图形上单击，如图 3-86 所示，将图形置入不规则图形框中，如图 3-87 所示。

图 3-85

图 3-86

图 3-87

（12）选择"矩形"工具□，在适当的位置绘制一个矩形，设置图形颜色的 CMYK 值为 0、65、40、0，填充图形，并去除图形的轮廓线，效果如图 3-88 所示。在属性栏中将"转角半径"选项均设为 137mm，按 Enter 键，效果如图 3-89 所示。用相同的方法再绘制一个矩形，并填充相应的颜色，效果如图 3-90 所示。

图 3-88

图 3-89

图 3-90

（13）选择"椭圆形"工具○，按住 Ctrl 键的同时，在适当的位置绘制一个圆形，设置图形颜色的 CMYK 值为 0、92、70、0，填充图形，并去除图形的轮廓线，效果如图 3-91 所示。按数字键盘上的+键，复制图形。选择"选择"工具▶，按住 Shift 键的同时，水平向右拖曳复制的图形到适当的位置，效果如图 3-92 所示。

图 3-91

图 3-92

（14）选择"贝塞尔"工具✎，在适当的位置绘制一个不规则图形，如图 3-93 所示。设置图形颜色的 CMYK 值为 0、86、55、0，填充图形，并去除图形的轮廓线，效果如图 3-94 所示。

图 3-93　　　　　　　　　　　　　　　图 3-94

（15）选择"选择"工具 ，按数字键盘上的+键，复制图形。单击属性栏中的"水平镜像"按钮 ，水平翻转图形。按住 Shift 键的同时，水平向右拖曳翻转的图形到适当的位置，效果如图 3-95所示。用相同的方法绘制卡通形象的双脚，效果如图 3-96 所示。卡通形象绘制完成。

图 3-95　　　　　　　　　　　　　　图 3-96

3.2.2　编辑曲线的节点

节点是构成图形对象的基本要素，用"形状"工具 选择曲线或图形对象后，会显示曲线或图形的全部节点。通过移动节点和节点的控制点、控制线可以编辑曲线或图形的形状，还可以通过增加和删除节点来进一步编辑曲线或图形。

绘制一条曲线，如图 3-97 所示。使用"形状"工具 ，单击曲线上的节点，如图 3-98 所示。弹出的属性栏如图 3-99 所示。

图 3-97　　　　　　　　　　　　图 3-98

图 3-99

属性栏中有 3 种节点类型：尖突节点、平滑节点和对称节点。节点类型的不同决定了节点控制点的属性的不同，单击属性栏中的按钮可以转换 3 种节点的类型。

尖突节点✎：尖突节点的控制点是独立的，当移动其中一个控制点时，另一个控制点并不移动，从而使得通过尖突节点的曲线能够尖突弯曲。

平滑节点✎：平滑节点的控制点之间是相关的，当移动其中一个控制点时，另一个控制点也会随之移动，通过平滑节点连接的线段将产生平滑的过渡。

对称节点✎：对称节点的控制点不仅是相关的，而且控制点和控制线的长度是相等的，从而使得对称节点两边曲线的曲率也是相等的。

1. 选取并移动节点

绘制一个图形，如图 3-100 所示。选择"形状"工具✎，单击鼠标左键选取节点，如图 3-101 所示，按住鼠标左键拖曳鼠标，节点被移动，如图 3-102 所示。松开鼠标左键，图形调整的效果如图 3-103 所示。

图 3-100   图 3-101   图 3-102   图 3-103

使用"形状"工具✎选中并拖曳节点上的控制点，如图 3-104 所示。松开鼠标左键，图形调整的效果如图 3-105 所示。

使用"形状"工具✎圈选图形上的部分节点，如图 3-106 所示。松开鼠标左键，图形被选中的部分节点如图 3-107 所示。拖曳任意一个被选中的节点，其他被选中的节点也会随之移动。

图 3-104   图 3-105   图 3-106   图 3-107

> **提示** 因为在 CorelDRAW X8 中有 3 种节点类型，所以当移动不同类型节点上的控制点时，图形的形状也会有不同形式的变化。

2. 增加或删除节点

绘制一个图形，如图 3-108 所示。使用"形状"工具✎选择需要增加和删除节点的曲线，在曲线上要增加节点的位置，如图 3-109 所示，双击鼠标左键可以在这个位置增加一个节点，效果如图 3-110 所示。

单击属性栏中的"添加节点"按钮✎，也可以在曲线上增加节点。

图 3-108　　　　　　　　　　图 3-109　　　　　　　　　　图 3-110

将鼠标的光标放在要删除的节点上，如图 3-111 所示，双击鼠标左键可以删除这个节点，效果如图 3-112 所示。

选中要删除的节点，单击属性栏中的"删除节点"按钮 ，也可以在曲线上删除选中的节点。

图 3-111　　　　　　　　　　　　　图 3-112

技巧　如果需要在曲线和图形中删除多个节点，只需先按住 Shift 键，再用鼠标选择要删除的多个节点，选择好后按 Delete 键就可以了。当然也可以使用圈选的方法选择需要删除的多个节点，选择好后按 Delete 键。

3. 合并和连接节点

绘制一个图形，如图 3-113 所示。使用"形状"工具 ，按住 Ctrl 键，选取两个需要合并的节点，如图 3-114 所示；单击属性栏中的"连接两个节点"按钮 ，将节点合并，使曲线成为闭合的曲线，如图 3-115 所示。

图 3-113　　　　　　　　　　图 3-114　　　　　　　　　　图 3-115

使用"形状"工具 圈选两个需要连接的节点，单击属性栏中的"闭合曲线"按钮 ，可以将两个节点以直线连接，使曲线成为闭合的曲线。

4. 断开节点

在曲线中要断开的节点上单击鼠标左键，选中该节点，如图 3-116 所示。单击属性栏中的"断开曲线"按钮 ，断开节点，曲线效果如图 3-117 所示。再使用"形状"工具 选择并移动节点，曲线的节点被断开，效果如图 3-118 所示。

图 3-116　　　　　　　图 3-117　　　　　　　图 3-118

3.2.3　编辑曲线的轮廓和端点

通过属性栏可以设置一条曲线的端点和轮廓的样式，这项功能可以帮助用户制作出非常实用的效果。

绘制一条曲线，再用"选择"工具 ▶ 选择这条曲线，如图 3-119 所示。这时的属性栏如图 3-120 所示。在属性栏中单击"轮廓宽度" ✎ .2 mm ▾ 右侧的按钮 ▾ ，弹出轮廓宽度的下拉列表，如图 3-121 所示。在其中进行选择，将曲线变宽，效果如图 3-122 所示，也可以在"轮廓宽度"框中输入数值后，按 Enter 键，设置曲线宽度。

图 3-119　　　　　　图 3-120　　　　　　图 3-121　　　　　　图 3-122

在属性栏中有 3 个可供选择的下拉列表按钮 ，按从左到右的顺序分别是"起始箭头" 、"轮廓样式" 和"终止箭头" 。单击"起始箭头" 上的黑色三角按钮，弹出"起始箭头"下拉列表框，如图 3-123 所示。单击需要的箭头样式，在曲线的起始点会出现选择的箭头，效果如图 3-124 所示。单击"轮廓样式" 上的黑色三角按钮，弹出"轮廓样式"下拉列表框，如图 3-125 所示。单击需要的轮廓样式，曲线的样式被改变，效果如图 3-126 所示。单击"终止箭头" 上的黑色三角按钮，弹出"终止箭头"下拉列表框，如图 3-127 所示。单击需要的箭头样式，在曲线的终止点会出现选择的箭头，如图 3-128 所示。

图 3-123　　　　　　　图 3-124　　　　　　　图 3-125

图 3-126　　　　　　　　　图 3-127　　　　　　　　　图 3-128

3.2.4　编辑和修改几何图形

使用矩形、椭圆形和多边形工具绘制的图形都是简单的几何图形。这类图形有其特殊的属性，图形上的节点比较少，只能对其进行简单的编辑。如果想对其进行更复杂的编辑，就需要将简单的几何图形转换为曲线。

1. 使用"转换为曲线"按钮⟳

使用"椭圆形"工具 ◯ 绘制一个椭圆形，效果如图 3-129 所示；在属性栏中单击"转换为曲线"按钮 ⟳，将椭圆图形转换为曲线图形，在曲线图形上增加了多个节点，如图 3-130 所示；使用"形状"工具 ⟿ 拖曳椭圆形上的节点，如图 3-131 所示。松开鼠标左键，调整后的图形效果如图 3-132 所示。

图 3-129　　　　　　图 3-130　　　　　　图 3-131　　　　　　图 3-132

2. 使用"转换直线为曲线"按钮⟿

使用"多边形"工具 ◯ 绘制一个多边形，如图 3-133 所示；选择"形状"工具 ⟿，单击需要选中的节点，如图 3-134 所示；单击属性栏中的"转换为曲线"按钮 ⟿，将线段转换为曲线，在曲线上出现节点，图形的对称性被保持，如图 3-135 所示；使用"形状"工具 ⟿ 拖曳节点调整图形，如图 3-136 所示。松开鼠标左键，图形效果如图 3-137 所示。

图 3-133　　　　图 3-134　　　　图 3-135　　　　图 3-136　　　　图 3-137

3. 裁切图形

使用"刻刀"工具可以对单一的图形对象进行裁切，使一个图形被裁切成两个部分。

选择"刻刀"工具，鼠标的光标变为刻刀形状。将光标放到图形上准备裁切的起点位置，光标变为竖直形状后单击鼠标左键，如图 3-138 所示；移动光标会出现一条裁切线，将鼠标的光标放在裁切的终点位置后单击鼠标左键，如图 3-139 所示；图形裁切完成的效果如图 3-140 所示；使用"选择"工具拖曳裁切后的图形，如图 3-141 所示。裁切的图形被分成了两部分。

图 3-138   图 3-139   图 3-140   图 3-141

单击"剪切时自动闭合"按钮，图形被裁切后，裁切的两部分将自动生成闭合的曲线图形，并保留其填充的属性。若不单击此按钮，在图形被裁切后，裁切的两部分将不会自动闭合，同时图形会失去填充属性。

技巧　按住 Shift 键，使用"刻刀"工具将以贝塞尔曲线的方式裁切图形。已经经过渐变、群组及特殊效果处理的图形和位图都不能使用刻刀工具来裁切。

4．擦除图形

"橡皮擦"工具可以擦除图形的部分或全部，并可以将擦除后图形的剩余部分自动闭合。"橡皮擦"工具只能对单一的图形对象进行擦除。

绘制一个图形，如图 3-142 所示。选择"橡皮擦"工具，鼠标的光标变为擦除工具图标，按住鼠标左键拖曳鼠标可以擦除图形，如图 3-143 所示；松开鼠标左键，擦除后的图形效果如图 3-144 所示。

图 3-142   图 3-143   图 3-144

"橡皮擦"工具属性栏如图 3-145 所示。"橡皮擦厚度" 可以设置擦除的宽度；单击"减少节点"按钮，可以在擦除时自动平滑边缘；单击"橡皮擦形状"按钮可以转换橡皮擦的形状为方形和圆形擦除图形。

图 3-145

5. 修饰图形

使用"沾染"工具 🔔 和"粗糙"工具 🍴 可以修饰已绘制的矢量图形。

绘制一个图形，如图 3-146 所示。选择"沾染"工具 🔔，其属性栏如图 3-147 所示。在图上拖曳，制作出需要的沾染效果，如图 3-148 所示。

图 3-146   图 3-147   图 3-148

绘制一个图形，如图 3-149 所示。选择"粗糙"工具 🍴，其属性栏如图 3-150 所示。在图形边缘拖曳，制作出需要的粗糙效果，如图 3-151 所示。

图 3-149   图 3-150   图 3-151

提示 "沾染"工具 🔔 和"粗糙"工具 🍴 可以应用的矢量对象有开放/闭合的路径、纯色和交互式渐变填充、交互式透明和交互式阴影效果的对象。不可以应用的矢量对象有交互式调和、立体化的对象和位图。

3.3 修整图形

在 CorelDRAW X8 中，修整功能是编辑图形对象非常重要的手段。使用修整功能中的焊接、修剪、相交和简化等命令可以创建出复杂的全新图形。

3.3.1 课堂案例——绘制抽象画

【案例学习目标】学习使用整形工具绘制抽象画。

【案例知识要点】使用矩形工具和倾斜工具制作背景图形，使用椭圆形工具、矩形工具、基本形状工具和修整按钮制作抽象画，效果如图 3-152 所示。

【效果所在位置】Ch03\效果\绘制抽象画.cdr。

图 3-152

（1）按 Ctrl+N 组合键，新建一个 A4 页面。单击属性栏中的"横向"按钮▭，页面显示为横向页面。选择"矩形"工具▭，绘制一个矩形，设置图形颜色的 CMYK 值为 40、0、0、0，填充图形，并去除图形的轮廓线，效果如图 3-153 所示。

（2）用相同的方法再次绘制矩形，设置图形颜色的 CMYK 值为 0、0、0、20，填充图形，并去除图形的轮廓线，效果如图 3-154 所示。将光标置于中心点并再次单击图形，使其处于旋转状态，向左拖曳下方中间的控制手柄到适当的位置，倾斜图形，效果如图 3-155 所示。

图 3-153　　　　　　　　　图 3-154　　　　　　　　　图 3-155

（3）选择"椭圆形"工具○，在适当的位置绘制不同的椭圆形，如图 3-156 所示。选择"矩形"工具▭，在椭圆形的下方绘制矩形，如图 3-157 所示。

图 3-156　　　　　　　　　图 3-157

（4）选择"选择"工具▮，用圈选的方法将绘制的图形同时选取，单击属性栏中的"合并"按钮▣，合并图形，如图 3-158 所示。填充为白色，并去除图形的轮廓线，效果如图 3-159 所示。

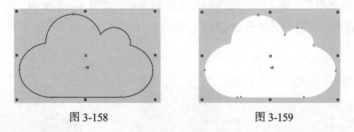

图 3-158　　　　　　　　　图 3-159

（5）选择"选择"工具▮，将云图形拖曳到适当的位置并单击鼠标右键，复制图形，调整其大小，效果如图 3-160 所示。用相同的方法复制图形并调整其大小，效果如图 3-161 所示。

（6）选择"星形"工具☆，按住 Ctrl 键的同时，在适当的位置绘制星形，设置图形颜色的 CMYK 值为 0、100、100、0，填充图形，并去除图形的轮廓线，效果如图 3-162 所示。在属性栏的"旋转角度"○ .0 ▭°框中设置数值为 20，效果如图 3-163 所示。

图 3-160　　　　　　　　　　　　图 3-161

图 3-162　　　　　　　　　　　　图 3-163

（7）选择"矩形"工具□，在适当的位置绘制多个矩形，如图 3-164 所示。选择"选择"工具▶，用圈选的方法将绘制的图形同时选取，单击属性栏中的"合并"按钮▣，合并图形，如图 3-165 所示。

图 3-164　　　　　　　　　　　　图 3-165

（8）设置图形颜色的 CMYK 值为 0、85、100、0，填充图形，并去除图形的轮廓线，效果如图 3-166 所示。选择"贝塞尔"工具，在适当的位置绘制图形，如图 3-167 所示。选择"选择"工具▶，将绘制的图形同时选取，设置图形颜色的 CMYK 值为 0、0、60、0，填充图形，并去除图形的轮廓线，效果如图 3-168 所示。

图 3-166　　　　　　　图 3-167　　　　　　　图 3-168

（9）选择"椭圆形"工具 ◯，按住 Ctrl 键的同时，绘制圆形，如图 3-169 所示。选择"选择"工具 ▸，选取圆形，按数字键盘上的+键，复制圆形。按住 Shift 键的同时，向内拖曳控制手柄缩小圆形，效果如图 3-170 所示。选择"选择"工具 ▸，用圈选的方法将需要的图形同时选取，单击属性栏中的"移除前面对象"按钮 ⬚，修整图形，效果如图 3-171 所示。

图 3-169   图 3-170   图 3-171

（10）选择"矩形"工具 ▢，在适当的位置绘制矩形，如图 3-172 所示。选择"选择"工具 ▸，用圈选的方法将需要的图形同时选取，单击属性栏中的"移除前面对象"按钮 ⬚，修整图形，效果如图 3-173 所示。设置图形颜色的 CMYK 值为 0、0、20、80，填充图形，并去除图形的轮廓线，效果如图 3-174 所示。

图 3-172   图 3-173   图 3-174

（11）选择"选择"工具 ▸，选取图形，将其拖曳到适当的位置，效果如图 3-175 所示。再次将其拖曳到适当的位置并单击鼠标右键，复制图形，效果如图 3-176 所示。

图 3-175   图 3-176

（12）保持图形的选取状态，设置填充颜色的 CMYK 值为 20、0、0、60，填充图形，效果如图 3-177 所示。按 Ctrl+PageDown 组合键，后移图形，效果如图 3-178 所示。

图 3-177　　　　　　　　　　　　　图 3-178

（13）选择"选择"工具 ，用圈选的方法将需要的图形同时选取，连续按 Ctrl+PageDown 组合键，后移图形，效果如图 3-179 所示。选取需要的图形，按 Ctrl+PageDown 组合键，后移图形，效果如图 3-180 所示。

图 3-179　　　　　　　　　　　　　图 3-180

（14）选择"选择"工具 ，用圈选的方法将需要的图形同时选取，拖曳到适当的位置并单击鼠标右键，复制图形，效果如图 3-181 所示。选取需要的图形并调整其位置，如图 3-182 所示。

图 3-181　　　　　　　　　　　　　图 3-182

（15）选择"选择"工具 ，用圈选的方法将需要的图形同时选取，连续按 Ctrl+PageDown 组合键，后移图形，如图 3-183 所示。选取下方的图形，设置图形颜色的 CMYK 值为 100、0、100、0，填充图形，效果如图 3-184 所示。选取上方的图形，设置图形颜色的 CMYK 值为 40、0、100、0，填充图形，效果如图 3-185 所示。

图 3-183　　　　　　图 3-184　　　　　　图 3-185

（16）选择"矩形"工具 ，在适当的位置绘制矩形，在属性栏的"转角半径" 框中设置数值为 2mm，如图 3-186 所示，按 Enter 键。设置图形颜色的 CMYK 值为 0、100、60、20，填充图形，并去除图形的轮廓线，效果如图 3-187 所示。

图 3-186 图 3-187

（17）选择"选择"工具 ，选取图形，将其拖曳到适当的位置并单击鼠标右键，复制图形。设置图形颜色的 CMYK 值为 0、100、60、0，填充图形，效果如图 3-188 所示。选择"选择"工具 ，用圈选的方法将需要的图形同时选取，连续按 Ctrl+PageDown 组合键，后移图形，效果如图 3-189 所示。

图 3-188 图 3-189

（18）选择"椭圆形"工具 ，绘制椭圆形，如图 3-190 所示。选择"矩形"工具 ，在适当的位置绘制矩形，如图 3-191 所示。选择"选择"工具 ，用圈选的方法将需要的图形同时选取，单击属性栏中的"移除前面对象"按钮 ，修整图形，效果如图 3-192 所示。

图 3-190 图 3-191 图 3-192

（19）设置图形颜色的 CMYK 值为 0、0、20、80，填充图形，并去除图形的轮廓线，效果如图 3-193 所示。将其拖曳到适当的位置，效果如图 3-194 所示。

图 3-193 图 3-194

（20）选择"基本形状"工具 ，在属性栏中单击"完美形状"按钮 ，在弹出的面板中选择需要的形状，如图 3-195 所示，在页面中拖曳鼠标绘制图形，如图 3-196 所示。设置图形颜色的 CMYK 值为 40、0、100、0，填充图形，并去除图形的轮廓线，效果如图 3-197 所示。

图 3-195　　　　　　　图 3-196　　　　　　　图 3-197

（21）选择"选择"工具 ，选取图形，将其拖曳到适当的位置并单击鼠标右键，复制图形，调整其大小，如图 3-198 所示。设置图形颜色的 CMYK 值为 0、0、60、0，填充图形，效果如图 3-199 所示。

图 3-198　　　　　　　　　　图 3-199

（22）选择"流程图形状"工具 ，在属性栏中单击"完美形状"按钮 ，在弹出的面板中选择需要的图形，如图 3-200 所示，在页面中拖曳鼠标绘制图形，如图 3-201 所示。

（23）设置图形颜色的 CMYK 值为 100、0、100、0，填充图形，并去除图形的轮廓线，效果如图 3-202 所示。选择"选择"工具 ，选取图形，将其拖曳到适当的位置并单击鼠标右键，复制图形，调整其大小。设置图形颜色的 CMYK 值为 0、20、100、0，填充图形，效果如图 3-203 所示。抽象画绘制完成，效果如图 3-204 所示。

图 3-200　　　　　　　图 3-201

图 3-202　　　　　　　　图 3-203　　　　　　　　图 3-204

3.3.2　焊接

焊接是将几个图形结合成一个图形，新的图形轮廓由被焊接的图形边界组成，被焊接图形的交叉线都将消失。

使用"选择"工具 选中要焊接的图形，如图 3-205 所示。选择"窗口 > 泊坞窗 > 造型"命令，弹出如图 3-206 所示的"造型"泊坞窗。在"造型"泊坞窗中选择"焊接"选项，再单击"焊接到"按钮，将鼠标的光标放到目标对象上单击，如图 3-207 所示。焊接后的效果如图 3-208 所示，新生成图形对象的边框和颜色填充与目标对象完全相同。

图 3-205　　　　　　图 3-206　　　　　　图 3-207　　　　　　图 3-208

在进行焊接操作之前，可以在"造型"泊坞窗中设置是否保留"原始源对象"和"原目标对象"。选择"保留原始源对象"和"保留原目标对象"选项，如图 3-209 所示。在焊接图形对象时，原始源对象和原目标对象都被保留，效果如图 3-210 所示。保留原始源对象和原目标对象对"修剪"和"相交"功能也适用。

图 3-209　　　　　　　　图 3-210

选择几个要焊接的图形后，选择"对象 > 造型 > 合并"命令，或单击属性栏中的"合并"按钮 ，可以完成多个对象的焊接。

3.3.3　修剪

修剪是将原目标对象与原始源对象的相交部分裁掉，使原目标对象的形状被更改。修剪后的目标对象保留其填充和轮廓属性。

使用"选择"工具 选择其中的原始源对象，如图 3-211 所示。在"造型"泊坞窗中选择"修剪"选项，如图 3-212 所示。单击"修剪"按钮，将鼠标的光标放到原目标对象上单击，如图 3-213 所示。修剪后的效果如图 3-214 所示，修剪后的原目标对象保留其填充和轮廓属性。

图 3-211　　　　　图 3-212　　　　　图 3-213　　　　　图 3-214

选择"对象 > 造型 > 修剪"命令，或单击属性栏中的"修剪"按钮，也可以完成修剪，原始源对象和被修剪的原目标对象会同时存在于绘图页面中。

> **提示**　圈选多个图形时，在最底层的图形对象就是"原目标对象"。按住 Shift 键，选择多个图形时，最后选中的图形就是"原目标对象"。

3.3.4　相交

相交是将两个或两个以上对象的相交部分保留，使相交的部分成为一个新的图形对象。新创建图形对象的填充和轮廓属性将与目标对象相同。

使用"选择"工具 选择其中的原始源对象，如图 3-215 所示。在"造型"泊坞窗中选择"相交"选项，如图 3-216 所示。单击"相交对象"按钮，将鼠标的光标放到原目标对象上单击，如图 3-217 所示。相交后的效果如图 3-218 所示，相交后图形对象将保留原目标对象的填充和轮廓属性。

图 3-215　　　　　图 3-216　　　　　图 3-217　　　　　图 3-218

选择"对象 > 造型 > 相交"命令，或单击属性栏中的"相交"按钮，也可以完成相交裁切。原始源对象和原目标对象以及相交后的新图形对象同时存在于绘图页面中。

3.3.5 简化

简化是减去后面图形中和前面图形的重叠部分，并保留前面图形和后面图形的状态。

使用"选择"工具 选中两个相交的图形对象，如图 3-219 所示。在"造型"泊坞窗中选择"简化"选项，如图 3-220 所示。单击"应用"按钮，图形的简化效果如图 3-221 所示。

图 3-219   图 3-220   图 3-221

选择"对象 > 造形 > 简化"命令，或单击属性栏中的"简化"按钮 ，也可以完成图形的简化。

3.3.6 移除后面对象

移除后面对象会减去后面图形，减去前后图形的重叠部分，并保留前面图形的剩余部分。

绘制相交的图形对象，如图 3-222 所示。使用"选择"工具 选中两个相交的图形对象，如图 3-223 所示。

图 3-222   图 3-223

选择"窗口 > 泊坞窗 > 造型"命令，弹出如图 3-224 所示的"造型"泊坞窗。在"造型"泊坞窗中选择"移除后面对象"选项，单击"应用"按钮，移除后面对象，效果如图 3-225 所示。

图 3-224   图 3-225

选择"对象 > 造型 > 移除后面对象"命令，或单击属性栏中的"移除后面对象"按钮 ⬚，也可以完成图形的前减后。

3.3.7   移除前面对象

移除前面对象会减去前面图形，减去前后图形的重叠部分，并保留后面图形的剩余部分。

使用"选择"工具 ▶ 选中两个相交的图形对象，如图 3-226 所示。在"造型"泊坞窗中选择"移除前面对象"选项，如图 3-227 所示。单击"应用"按钮，移除前面对象效果如图 3-228 所示。

图 3-226   图 3-227   图 3-228

选择"对象 > 造型 > 移除前面对象"命令，或单击属性栏中的"移除前面对象"按钮 ⬚，也可以完成图形的后减前。

3.3.8   边界

边界是可以快速创建一个所选图形的共同边界。

使用"选择"工具 ▶ 选中要创建边界的图形对象，如图 3-229 所示。在"造型"泊坞窗中选择"边界"选项，如图 3-230 所示。单击"应用"按钮，边界效果如图 3-231 所示。

图 3-229   图 3-230   图 3-231

选择"对象 > 造型 > 边界"命令，或单击属性栏中的"边界"按钮 ⬚，也可以完成图形的共同边界的创建。

课堂练习——绘制夏日岛屿插画

【练习知识要点】使用椭圆形工具、B 样条工具和创建边界命令绘制岛屿，使用贝塞尔工具和合并命令绘制树，使用椭圆形工具和移除前面对象命令绘制伞和救生圈，效果如图 3-232 所示。

【效果所在位置】Ch03\效果\绘制夏日岛屿插画.cdr。

图 3-232

课后习题——绘制雪糕

【习题知识要点】使用基本形状工具、转换为曲线命令和形状工具绘制并编辑图形，使用矩形工具和轮廓笔工具绘制雪糕，效果如图 3-233 所示。

【效果所在位置】Ch03\效果\绘制雪糕.cdr。

图 3-233

第**4**章

编辑轮廓线与填充颜色

本章介绍

在 CorelDRAW X8 中，绘制一个图形时需要先绘制出该图形的轮廓线，并按设计的需求对轮廓线进行编辑。编辑完成后，就可以使用色彩进行渲染。优秀的设计作品中，色彩的运用非常重要。通过学习本章内容，读者可以制作出不同效果的图形轮廓线，了解并掌握颜色的各种填充方式和填充技巧。

学习目标

- 熟练掌握轮廓工具和均匀填充的使用。
- 掌握渐变填充和图样填充的操作方法。
- 了解其他填充的技巧。

技能目标

- 掌握"卡通图标"的绘制方法。
- 掌握"蔬菜插画"的绘制方法。
- 掌握"T 恤图案"的绘制方法。

4.1 编辑轮廓线和均匀填充

CorelDRAW X8 提供了丰富的轮廓线和填充设置，可以制作出精美的轮廓线和填充效果。下面具体介绍编辑轮廓线和均匀填充的方法和技巧。

4.1.1 课堂案例——绘制卡通图标

【案例学习目标】学习使用几何形状工具和填充工具绘制卡通图标。

【案例知识要点】使用多边形工具、椭圆形工具和文字工具绘制图标背景，使用贝塞尔工具、椭圆形工具和填充工具绘制猫图形，效果如图 4-1 所示。

【效果所在位置】Ch04\效果\绘制卡通图标.cdr。

图 4-1

（1）按 Ctrl+N 组合键，新建一个 A4 页面。选择"多边形"工具 ⬡，在属性栏的"点数或边数" ⬡ 5 ⊞ 框中设置数值为 20，按 Enter 键，在适当的位置绘制一个图形，如图 4-2 所示。

（2）选择"形状"工具 ⬝，选取需要的节点，如图 4-3 所示，向内拖曳节点到适当的位置，效果如图 4-4 所示。设置图形颜色的 CMYK 值为 68、0、22、0，填充图形，并去除图形的轮廓线，效果如图 4-5 所示。

图 4-2   图 4-3   图 4-4   图 4-5

（3）选择"椭圆形"工具 ◯，按住 Ctrl 键的同时，绘制一个圆形。设置图形颜色的 CMYK 值为 0、20、100、0，填充图形，按 F12 键，弹出"轮廓笔"对话框，在"颜色"选项中设置轮廓线颜色为白色，其他选项的设置如图 4-6 所示。单击"确定"按钮，效果如图 4-7 所示。

（4）选择"选择"工具 ▸，按数字键盘上的+键，复制图形。按住 Shift 键的同时，拖曳图形右上方的控制手柄，将其等比例缩小，如图 4-8 所示。设置图形颜色的 CMYK 值为 95、86、75、64，填充图形，并去除图形的轮廓线，效果如图 4-9 所示。

图 4-6   图 4-7   图 4-8   图 4-9

（5）选择"椭圆形"工具 ⬭，按住 Ctrl 键的同时，绘制一个圆形，如图 4-10 所示。选择"文本"工具 字，输入需要的文字。选择"选择"工具 ▶，在属性栏中选择合适的字体并设置文字大小，效果如图 4-11 所示。

图 4-10   图 4-11

（6）选择"文本 > 使文本适合路径"命令，将文字拖曳至路径上，如图 4-12 所示，单击鼠标左键，文本绕路径排列，效果如图 4-13 所示。选择"选择"工具 ▶，选取圆形，在"CMYK 调色板"中的"无填充"按钮 ⊠ 上单击鼠标右键，去除图形的轮廓线，效果如图 4-14 所示。

图 4-12   图 4-13   图 4-14

（7）选择"贝塞尔"工具 ✐，在适当的位置绘制一个图形，如图 4-15 所示。设置图形颜色为白色，填充图形。按 F12 键，弹出"轮廓笔"对话框，在"颜色"选项中设置轮廓线颜色的 CMYK 值为 95、86、75、64，其他选项的设置如图 4-16 所示，单击"确定"按钮，效果如图 4-17 所示。

图 4-15

图 4-16

图 4-17

（8）选择"椭圆形"工具 ◯，按住 Ctrl 键的同时，绘制一个圆形。设置图形颜色的 CMYK 值为 91、85、58、32，填充图形。按 F12 键，弹出"轮廓笔"对话框，在"颜色"选项中设置轮廓线颜色的 CMYK 值为 98、89、80、73，其他选项的设置如图 4-18 所示，单击"确定"按钮，效果如图 4-19 所示。选择"选择"工具 ▶，按数字键盘上的+键，复制图形。按住 Shift 键的同时，水平向右拖曳图形到适当的位置，效果如图 4-20 所示。

图 4-18

图 4-19

图 4-20

（9）选择"贝塞尔"工具 ✎，在适当的位置绘制一个图形，设置图形颜色的 CMYK 值为 95、86、75、64，填充图形，并去除图形的轮廓线，如图 4-21 所示。

（10）选择"2 点线"工具 ✎，绘制一条直线，按 F12 键，弹出"轮廓笔"对话框，在"颜色"选项中设置轮廓线颜色的 CMYK 值为 95、86、75、64，其他选项的设置如图 4-22 所示，单击"确定"按钮，效果如图 4-23 所示。

图 4-21

图 4-22

图 4-23

（11）选择"贝塞尔"工具 ✐，在适当的位置绘制一条线，按 F12 键，弹出"轮廓笔"对话框，在"颜色"选项中设置轮廓线颜色的 CMYK 值为 95、86、75、64，其他选项的设置如图 4-24 所示，单击"确定"按钮，效果如图 4-25 所示。

图 4-24　　　　　　　　　图 4-25

（12）选择"2 点线"工具 ✐，绘制一条直线，按 F12 键，弹出"轮廓笔"对话框，在"颜色"选项中设置轮廓线颜色的 CMYK 值为 95、86、75、64，其他选项的设置如图 4-26 所示，单击"确定"按钮，效果如图 4-27 所示。

图 4-26　　　　　　　　　图 4-27

（13）选择"选择"工具 ▶，再次单击图形，使其处于旋转状态，按数字键盘上的+键，复制一个图形。将旋转中心拖曳到适当的位置，拖曳右下角的控制手柄，将图形旋转到需要的角度，如图 4-28 所示。用相同的方法绘制其他图形，并分别填充适当的颜色，效果如图 4-29 所示。

（14）选择"贝塞尔"工具 ✐，在适当的位置绘制一个图形，设置图形颜色的 CMYK 值为 95、86、75、64，填充图形，效果如图 4-30 所示。选择"选择"工具 ▶，按数字键盘上的+键，复制图形。单击属性栏中的"水平镜像"按钮 ⬓⬓，水平翻转复制的图形，将其拖曳到适当的位置，效果如图 4-31 所示。

图 4-28　　　　　　图 4-29　　　　　　图 4-30　　　　　　图 4-31

（15）选择"贝塞尔"工具 ，在适当的位置绘制一条曲线，按 F12 键，弹出"轮廓笔"对话框，在"颜色"选项中设置轮廓线颜色的 CMYK 值为 95、86、75、64，其他选项的设置如图 4-32 所示，单击"确定"按钮，效果如图 4-33 所示。卡通图标绘制完成。

图 4-32

图 4-33

4.1.2　使用轮廓工具

单击"轮廓笔"工具 ，弹出"轮廓"工具的展开工具栏，如图 4-34 所示。

展开工具栏中的"轮廓笔"工具，可以编辑图形对象的轮廓线；"轮廓色"工具可以编辑图形对象的轮廓线颜色；11 个按钮都是设置图形对象的轮廓宽度的，分别是无轮廓、细线轮廓、0.1mm、0.2mm、0.25mm、0.5mm、0.75mm、1mm、1.5mm、2mm 和 2.5mm；"彩色"工具，可以弹出"颜色"泊坞窗，对图形的轮廓线颜色进行编辑。

图 4-34

4.1.3　设置轮廓线的颜色

绘制一个图形对象，并使图形对象处于选取状态，单击"轮廓笔"工具 ，弹出"轮廓笔"对话框，如图 4-35 所示。

在"轮廓笔"对话框中，"颜色"选项可以设置轮廓线的颜色，在 CorelDRAW X8 的默认状态下，轮廓线被设置为黑色。在颜色列表框 右侧的按钮上单击鼠标左键，打开颜色下拉列表，如图 4-36 所示，在颜色下拉列表中可以调配自己需要的颜色。

图 4-35

图 4-36

设置好需要的颜色后，单击"确定"按钮，可以改变轮廓线的颜色。

提示 图形对象在选取状态下，直接在调色板中需要的颜色上单击鼠标右键，可以快速填充轮廓线颜色。

4.1.4　设置轮廓线的粗细及样式

在"轮廓笔"对话框中，"宽度"选项可以设置轮廓线的宽度值和宽度的度量单位。在左侧的三角按钮上单击鼠标左键，弹出下拉列表，可以选择宽度数值，如图 4-37 所示，也可以在数值框中直接输入宽度数值。在右侧的三角按钮上单击鼠标左键，弹出下拉列表，可以选择宽度的度量单位，如图 4-38 所示。在"样式"选项右侧的三角按钮上单击鼠标左键，弹出下拉列表，可以选择轮廓线的样式，如图 4-39 所示。

图 4-37　　　　　　　　　　图 4-38　　　　　　　　　　图 4-39

4.1.5　设置轮廓线角的样式及端头样式

在"轮廓笔"对话框中，"角"设置区可以设置轮廓线角的样式，如图 4-40 所示。"角"设置区提供了 3 种拐角的方式，它们分别是斜接角、圆角和斜角。

将轮廓线的宽度增加，因为较细的轮廓线在设置拐角后效果不明显。3 种拐角的效果如图 4-41 所示。

角(R):　　　　　　　　　　　　　　　　　　　

图 4-40　　　　　　　　　　　　图 4-41

在"轮廓笔"对话框中，"线条端头"设置区可以设置线条端头的样式，如图 4-42 所示。3 种样式分别是方形端头、圆形端头、延伸方形端头。分别选择 3 种端头样式，效果如图 4-43 所示。

图 4-42   图 4-43

在"轮廓笔"对话框中，"箭头"设置区可以设置线条两端的箭头样式，如图 4-44 所示。"箭头"设置区中提供了两个样式框，左侧的样式框 $\fbox{—⋅}$ 用来设置箭头样式，单击样式框上的三角按钮，弹出"箭头样式"列表，如图 4-45 所示。右侧的样式框 $\fbox{—⋅}$ 用来设置箭尾样式，单击样式框上的三角按钮，弹出"箭尾样式"列表，如图 4-46 所示。

图 4-44   图 4-45   图 4-46

使用"填充之后"选项会将图形对象的轮廓置于图形对象的填充之后。图形对象的填充会遮挡图形对象的轮廓颜色，只能观察到轮廓的一段宽度的颜色。

使用"随对象缩放"选项缩放图形对象时，图形对象的轮廓线会根据图形对象的大小而改变，使图形对象的整体效果保持不变。如果不选择此选项，在缩放图形对象时，图形对象的轮廓线不会根据图形对象的大小而改变，轮廓线和填充不能保持原图形对象的效果，图形对象的整体效果就会被破坏。

4.1.6   使用调色板填充颜色

调色板是给图形对象填充颜色的最快途径。通过选取调色板中的颜色，可以把一种新颜色快速填充给图形对象。在 CorelDRAW X8 中提供了多种调色板，选择"窗口 > 调色板"命令，将弹出可供选择的多种颜色调色板。CorelDRAW X8 在默认状态下使用的是 CMYK 调色板。

调色板一般在屏幕的右侧，使用"选择"工具 ➤ 选中屏幕右侧的条形色板，如图 4-47 所示，用鼠标左键拖曳条形色板到屏幕的中间，变化后的调色板如图 4-48 所示。

使用"选择"工具 ➤ 选中要填充的图形对象，如图 4-49 所示。在调色板中选中的颜色上单击鼠标左键，如图 4-50 所示，图形对象的内部即被选中的颜色填充，如图 4-51 所示。单击调色板中的"无填充"按钮 $\boxtimes$，可取消对图形对象内部的颜色填充。

图 4-48   图 4-49

图 4-47

图 4-50   图 4-51

选取需要的图形，如图 4-52 所示。在调色板中选中的颜色上单击鼠标右键，如图 4-53 所示，图形对象的轮廓线即被选中的颜色填充。设置适当的轮廓宽度，效果如图 4-54 所示。

图 4-52   图 4-53   图 4-54

技巧　选中调色板中的色块，按住鼠标左键不放拖曳色块到图形对象上，松开鼠标左键，也可填充对象。

4.1.7　均匀填充对话框

选择"编辑填充"工具 ，弹出"编辑填充"对话框，单击"均匀填充"按钮 ，或按 Shift+F11 组合键，弹出"编辑填充"对话框，可以在对话框中设置需要的颜色。

对话框中的 3 种设置颜色的方式分别为模型、混合器和调色板。具体设置如下。

1. 模型

模型设置框如图 4-55 所示，在设置框中提供了完整的色谱。通过操作颜色关联控件可更改颜色，也可以通过在颜色模式的各参数值框中设置数值来设定需要的颜色。在设置框中还可以选择不同的颜色模式，模型设置框默认的是 CMYK 模式，如图 4-56 所示。

图 4-55

图 4-56

调配好需要的颜色后，单击"确定"按钮，可以将需要的颜色填充到图形对象中。

技巧 如果有经常需要使用的颜色，调配好需要的颜色后，单击对话框中的"加到调色板"按钮，可以将颜色添加到调色板中。下一次使用时就不需要再次调配了，直接从调色板中调用即可。

2. 混合器

混合器设置框如图 4-57 所示，混合器设置框是通过组合其他颜色的方式来生成新颜色，通过转动色环或从"色度"选项的下拉列表中选择各种形状，设置需要的颜色。从"变化"选项的下拉列表中选择各种选项，可以调整颜色的明度。调整"大小"选项下的滑动块可以使选择的颜色更丰富。

图 4-57

可以通过在颜色模式的各参数值框中设置数值来设定需要的颜色。在设置框中还可以选择不同的颜色模式，混合器设置框默认的是 CMYK 模式，如图 4-58 所示。

图 4-58

3. 调色板

调色板设置框如图 4-59 所示，调色板设置框是通过 CorelDRAW X8 中已有颜色库中的颜色来填充图形对象的，在"调色板"选项的下拉列表中可以选择需要的颜色库，如图 4-60 所示。

图 4-59

图 4-60

在色板中的颜色上单击鼠标左键就可以选中需要的颜色，调整"淡色"选项下的滑动块可以使选择的颜色变淡。调配好需要的颜色后，单击"确定"按钮，可以将需要的颜色填充到图形对象中。

4.1.8　使用"颜色泊坞窗"填充

"颜色泊坞窗"是为图形对象填充颜色的辅助工具，特别适合在实际工作中应用。

单击工具箱下方的"快速自定"按钮⊕，添加"彩色"工具，弹出"颜色泊坞窗"，如图 4-61 所示。绘制一个笑脸，如图 4-62 所示。在"颜色泊坞窗"中调配颜色，如图 4-63 所示。

图 4-61　　　　　　　　图 4-62　　　　　　　　图 4-63

调配好颜色后，单击"填充"按钮，如图 4-64 所示，颜色填充到笑脸的内部，效果如图 4-65 所示。也可在调配好颜色后，单击"轮廓"按钮，如图 4-66 所示，填充颜色到笑脸的轮廓线，效果如图 4-67 所示。

图 4-64　　　　　　图 4-65　　　　　　图 4-66　　　　　　图 4-67

"颜色泊坞窗"的右上角的 3 个按钮 ≣ ▣ ⊞ 分别是"显示颜色滑块""显示颜色查看器""显示调色板"。分别单击这 3 个按钮可以选择不同的调配颜色的方式，如图 4-68 所示。

图 4-68

4.2　渐变填充和图样填充

渐变填充和图样填充都是非常实用的功能，在设计制作中经常被应用。在 CorelDRAW X8 中，渐变填充提供了线性、椭圆形、圆锥形和矩形 4 种渐变色彩的形式，可以绘制出多种渐变颜色效果。图样填充将预设图案以平铺的方法填充到图形中。下面将介绍使用渐变填充和图样填充的方法和技巧。

4.2.1 课堂案例——绘制蔬菜插画

【案例学习目标】学习使用几何图形工具、绘图工具和填充工具绘制蔬菜插画。

【案例知识要点】使用矩形工具和图样填充工具绘制背景效果，使用贝塞尔工具、椭圆形工具、矩形工具、渐变填充工具和图样填充工具绘制蔬菜，使用文本工具添加文字，效果如图 4-69 所示。

【效果所在位置】Ch04\效果\绘制蔬菜插画.cdr。

图 4-69

1. 绘制背景

（1）按 Ctrl+N 组合键，新建一个 A4 页面。选择"矩形"工具 ▢ ，绘制一个矩形，如图 4-70 所示。选择"编辑填充"工具 ⬚ ，弹出"编辑填充"对话框，单击"双色图样填充"按钮 ▣ ，单击图样图案右侧的按钮 ，在弹出的面板中选择需要的图样，如图 4-71 所示。将背景颜色的 CMYK 值设为 40、0、100、0，其他选项的设置如图 4-72 所示。单击"确定"按钮，填充图形，并去除图形的轮廓线，效果如图 4-73 所示。

图 4-70　　　　　　　　　　图 4-71

图 4-72　　　　　　　　　　图 4-73

（2）选择"椭圆形"工具⊙，按住 Ctrl 键的同时，绘制圆形，如图 4-74 所示。按 F11 键，弹出"编辑填充"对话框，选择"渐变填充"按钮▨，将"起点"颜色的 CMYK 值设置为 100、0、100、45，"终点"颜色的 CMYK 值设置为 55、0、100、0，将下方三角图标的"节点位置"选项设为 62%，其他选项的设置如图 4-75 所示。单击"确定"按钮，填充图形，并去除图形的轮廓线，效果如图 4-76 所示。选择"矩形"工具▢，绘制一个矩形，如图 4-77 所示。

图 4-74 　　　　　　　　　　　　　　图 4-75

图 4-76 　　　　　　图 4-77

（3）按 F11 键，弹出"编辑填充"对话框，选择"渐变填充"按钮▨，将"起点"颜色的 CMYK 值设置为 22、9、86、0，"终点"颜色的 CMYK 值设置为 42、21、93、0，其他选项的设置如图 4-78 所示。单击"确定"按钮，填充图形，并去除图形的轮廓线，效果如图 4-79 所示。

图 4-78 　　　　　　　　　　图 4-79

（4）选择"选择"工具▸，将渐变图形拖曳到适当的位置，如图 4-80 所示。再次将其拖曳到适当的位置并单击鼠标右键，复制图形，效果如图 4-81 所示。用相同的方法复制其他图形，效果如图 4-82 所示。

图 4-80

图 4-81

图 4-82

（5）选择"选择"工具 ，用圈选的方法将需要的图形同时选取，如图 4-83 所示。在属性栏的"旋转角度" 框中设置数值为 27°，按 Enter 键，效果如图 4-84 所示。

图 4-83

图 4-84

2. 绘制蔬菜

（1）选择"贝塞尔"工具 ，在适当的位置绘制一个图形，如图 4-85 所示。选择"椭圆形"工具 ，按住 Ctrl 键的同时，在适当的位置绘制圆形，如图 4-86 所示。

图 4-85

图 4-86

（2）用相同的方法再次绘制圆形，如图 4-87 所示。选择"选择"工具 ，用圈选的方法将需要的图形同时选取，单击属性栏中的"合并"按钮 ，合并图形，效果如图 4-88 所示。

图 4-87

图 4-88

（3）按 F11 键，弹出"编辑填充"对话框，选择"渐变填充"按钮 ，将"起点"颜色的 CMYK 值设置为 36、0、100、0，"终点"颜色的 CMYK 值设置为 70、0、100、0，其他选项的设置如图 4-89

所示。单击"确定"按钮，填充图形，并去除图形的轮廓线，效果如图 4-90 所示。

图 4-89　　　　　　　　　　　　　　图 4-90

（4）选择"矩形"工具□，在适当的位置绘制矩形，在属性栏的"转角半径"框中设置数值为 1.5mm，按 Enter 键，效果如图 4-91 所示。选择"椭圆形"工具○，在适当的位置绘制椭圆形，如图 4-92 所示。选择"选择"工具▶，用圈选的方法将需要的图形同时选取，单击属性栏中的"相交"按钮，修整图形，效果如图 4-93 所示。

图 4-91　　　　　　　　图 4-92　　　　　　　　图 4-93

（5）选择"选择"工具▶，按住 Shift 键的同时，选取需要的图形，如图 4-94 所示。按 Delete 键，删除图形，效果如图 4-95 所示。

图 4-94　　　　　　　　图 4-95

（6）选择"选择"工具▶，选取图形。按 F11 键，弹出"编辑填充"对话框，选择"渐变填充"按钮，将"起点"颜色的 CMYK 值设置为 22、9、86、0，"终点"颜色的 CMYK 值设置为 0、7、38、0，其他选项的设置如图 4-96 所示。单击"确定"按钮，填充图形，并去除图形的轮廓线，效果如图 4-97 所示。

图 4-96   图 4-97

（7）选择"椭圆形"工具 ⃝，按住 Ctrl 键的同时，在适当的位置绘制圆形，如图 4-98 所示。选择"选择"工具 ▸，按数字键盘上的+键，复制图形。按住 Shift 键的同时，向内拖曳控制手柄，等比例缩小图形，效果如图 4-99 所示。用圈选的方法将两个圆形同时选取，单击属性栏中的"移除前面对象"按钮 ⃞，修剪图形，效果如图 4-100 所示。

图 4-98   图 4-99   图 4-100

（8）选择"矩形"工具 ▢，在适当的位置绘制矩形，如图 4-101 所示。选择"选择"工具 ▸，按住 Shift 键的同时，将修剪图形和矩形同时选取，单击属性栏中的"移除前面对象"按钮 ⃞，修剪图形，效果如图 4-102 所示。设置图形颜色的 CMYK 值为 40、0、100、0，填充图形，并去除图形的轮廓线，效果如图 4-103 所示。

图 4-101   图 4-102   图 4-103

（9）选择"3 点椭圆形"工具 ，在适当的位置绘制椭圆形，填充为黑色，并去除图形的轮廓线，效果如图 4-104 所示。用相同的方法绘制其他椭圆形，并填充相同的颜色，效果如图 4-105 所示。选择"椭圆形"工具 ⃝，按住 Ctrl 键的同时，在适当的位置绘制圆形，如图 4-106 所示。

图 4-104   图 4-105   图 4-106

（10）按 F11 键，弹出"编辑填充"对话框，选择"渐变填充"按钮 ，将"起点"颜色的 CMYK 值设置为 0、50、100、0，"终点"颜色的 CMYK 值设置为 0、10、100、0，其他选项的设置如图 4-107 所示。单击"确定"按钮，填充图形，并去除图形的轮廓线，效果如图 4-108 所示。

（11）选择"椭圆形"工具 ，按住 Ctrl 键的同时，在适当的位置绘制圆形，填充为白色，并去除图形的轮廓线，效果如图 4-109 所示。选择"选择"工具 ，用圈选的方法将图形同时选取，按 Ctrl+G 组合键，群组图形。

图 4-107   图 4-108   图 4-109

（12）选择"选择"工具 ，将需要的图形拖曳到适当的位置，如图 4-110 所示。按两次数字键盘上的+键，复制两个图形，分别将其拖曳到适当的位置，效果如图 4-111 所示。选取需要的图形，在属性栏中的"旋转角度" 框中设置为 330°，按 Enter 键，效果如图 4-112 所示。

图 4-110   图 4-111   图 4-112

（13）选择"选择"工具 ，将需要的图形拖曳到适当的位置，复制并调整其位置和角度，效果如图 4-113 所示。分别选取图形，按 Ctrl+PageDown 组合键，调整图形的前后顺序，效果如图 4-114 所示。

图 4-113

图 4-114

（14）选择"选择"工具 ，将需要的图形拖曳到适当的位置，复制并调整其位置，效果如图 4-115 所示。分别选取图形，按 Ctrl+PageDown 组合键，调整图形的前后顺序，效果如图 4-116 所示。用相同的方法调整其他图形的前后顺序，效果如图 4-117 所示。

图 4-115

图 4-116

图 4-117

3. 绘制菜篮

（1）选择"椭圆形"工具 ，按住 Ctrl 键的同时，在适当的位置绘制圆形，如图 4-118 所示。选择"矩形"工具 ，在适当的位置绘制矩形，如图 4-119 所示。选择"选择"工具 ，按住 Shift 键的同时，将需要的图形同时选取，单击属性栏中的"移除前面对象"按钮 ，修剪图形，如图 4-120 所示。

图 4-118

图 4-119

图 4-120

（2）按 F11 键，弹出"编辑填充"对话框，选择"渐变填充"按钮 ，将"起点"颜色的 CMYK 值设置为 0、0、0、20，"终点"颜色的 CMYK 值设置为 0、0、0、60，其他选项的设置如图 4-121 所示。单击"确定"按钮，填充图形，并去除图形的轮廓线，效果如图 4-122 所示。

图 4-121

图 4-122

（3）选择"贝塞尔"工具 ，在适当的位置绘制一条曲线。选择"选择"工具 ，在属性栏的"轮廓宽度" .2 mm 框中设置数值为 1mm，按 Enter 键。填充轮廓线颜色为白色，效果如图 4-123 所示。用相同的方法绘制另一条曲线，并填充相同的颜色，效果如图 4-124 所示。

（4）选择"矩形"工具 ，在适当的位置绘制矩形，在属性栏的"转角半径" 框中进行设置，如图 4-125 所示，按 Enter 键，效果如图 4-126 所示。

图 4-123　　　　　　　图 4-124

图 4-125　　　　　　　图 4-126

（5）选择"贝塞尔"工具 ，在适当的位置绘制一个图形，如图 4-127 所示。选择"选择"工具 ，选取需要的图形，单击属性栏中的"转换为曲线"按钮 ，转换为曲线图形。选择"形状"工具 ，分别拖曳节点到适当的位置，效果如图 4-128 所示。

图 4-127　　　　　　　图 4-128

（6）按 F11 键，弹出"编辑填充"对话框，选择"渐变填充"按钮 ，在"位置"选项中分别添加并输入 0、22、39、59、78、100 几个位置点，分别设置几个位置点颜色的 CMYK 值为 0（63、10、90、0）、22（80、22、90、0）、39（63、10、90、0）、59（43、10、87、0）、78（63、10、90、0）、100（43、10、87、0），其他选项的设置如图 4-129 所示。单击"确定"按钮，填充图形，并去除图形的轮廓线，效果如图 4-130 所示。

图 4-129　　　　　　　图 4-130

（7）选择"选择"工具 ，选取图形。按 F11 键，弹出"编辑填充"对话框，选择"渐变填充"按钮 ，将"起点"颜色的 CMYK 值设置为 15、88、88、0，"终点"颜色的 CMYK 值设置为 0、67、100、0，其他选项的设置如图 4-131 所示。单击"确定"按钮，填充图形，并去除图形的轮廓线，效果如图 4-132 所示。

图 4-131   图 4-132

（8）选择"矩形"工具 ，在适当的位置绘制矩形，设置填充颜色的 CMYK 值为 0、60、80、0，填充图形，并去除图形的轮廓线，效果如图 4-133 所示。用相同的方法绘制图形，并填充相同的颜色，效果如图 4-134 所示。

图 4-133   图 4-134

（9）选择"选择"工具 ，用圈选的方法将图形同时选取，按 Ctrl+G 组合键群组图形，如图 4-135 所示。将其拖曳到适当的位置，效果如图 4-136 所示。

图 4-135   图 4-136

（10）选择"椭圆形"工具 ，绘制一个椭圆形，如图 4-137 所示。单击属性栏中的"转换为曲线"按钮 ，转换为曲线图形，如图 4-138 所示。选择"形状"工具 ，分别在适当的位置双击鼠标添加节点，如图 4-139 所示。

图 4-137   图 4-138   图 4-139

（11）选择"形状"工具 ，将需要的节点拖曳到适当的位置，并分别调整需要的控制点，效果如图 4-140 所示。选择"矩形"工具 ，在适当的位置绘制矩形，如图 4-141 所示。按住 Shift 键的同时，将需要的图形同时选取，单击属性栏中的"移除前面对象"按钮 ，修剪图形，效果如图 4-142 所示。

图 4-140   图 4-141   图 4-142

（12）保持图形的选取状态。按 F11 键，弹出"编辑填充"对话框，选择"渐变填充"按钮 ，将"起点"颜色的 CMYK 值设置为 36、0、100、0，"终点"颜色的 CMYK 值设置为 70、0、100、0，其他选项的设置如图 4-143 所示。单击"确定"按钮，填充图形，并去除图形的轮廓线，效果如图 4-144 所示。

图 4-143   图 4-144

（13）选择"贝塞尔"工具 ，在适当的位置绘制一个图形，如图 4-145 所示。按 F11 键，弹出"编辑填充"对话框，选择"渐变填充"按钮 ，将"起点"颜色的 CMYK 值设置为 50、60、90、10，"终点"颜色的 CMYK 值设置为 60、70、85、40，其他选项的设置如图 4-146 所示。单击"确定"按钮，填充图形，并去除图形的轮廓线，效果如图 4-147 所示。

图 4-145   图 4-146   图 4-147

（14）保持图形的选取状态，按 Ctrl+PageDown 组合键，后移图形，效果如图 4-148 所示。选择"椭圆形"工具 ◯，按住 Ctrl 键的同时，在适当的位置绘制两个圆形，填充为白色，并去除图形的轮廓线，效果如图 4-149 所示。

图 4-148　　　　　图 4-149

（15）选择"选择"工具 ▶，用圈选的方法将图形同时选取，按 Ctrl+G 组合键群组图形，并将其拖曳到适当的位置，效果如图 4-150 所示。用圈选的方法将图形同时选取，按 Ctrl+G 组合键群组图形；按数字键盘上的+键，复制图形，如图 4-151 所示。单击属性栏中的"取消组合所有对象"按钮 ，取消所有群组对象，如图 4-152 所示。保持图形的选取状态。

图 4-150　　　　　　　图 4-151　　　　　　　图 4-152

（16）单击属性栏中的"合并"按钮 ，合并图形，效果如图 4-153 所示。设置填充颜色的 CMYK 值为 100、0、100、50，填充图形，效果如图 4-154 所示。连续按 Ctrl+PageDown 组合键，后移图形，并微调到适当的位置，效果如图 4-155 所示。

图 4-153　　　　　　　图 4-154　　　　　　　图 4-155

（17）选择"椭圆形"工具 ◯，按住 Ctrl 键的同时，在适当的位置绘制圆形，如图 4-156 所示。选择"矩形"工具 □，在适当的位置绘制矩形，如图 4-157 所示。选择"选择"工具 ▶，按住 Shift 键的同时，将需要的图形同时选取，单击属性栏中的"移除前面对象"按钮 ，修剪图形，效果如图 4-158 所示。保持图形的选取状态。

图 4-156   图 4-157   图 4-158

（18）设置填充颜色的 CMYK 值为 65、80、100、54，填充图形，并去除图形的轮廓线，效果如图 4-159 所示。选择"文本"工具 字，在图形上输入需要的文字，选择"选择"工具 ，在属性栏中选取适当的字体并设置文字大小，填充文字为白色，效果如图 4-160 所示。蔬菜插画绘制完成，效果如图 4-161 所示。

图 4-159   图 4-160   图 4-161

4.2.2   使用属性栏进行填充

绘制一个图形，效果如图 4-162 所示。选择"交互式填充"工具 ，在属性栏中单击"渐变填充"按钮 ，属性栏如图 4-163 所示，效果如图 4-164 所示。

图 4-162   图 4-163   图 4-164

单击属性栏中的其他选项按钮 ，可以选择渐变的类型，椭圆形、圆锥形和矩形的效果如图 4-165 所示。

属性栏中的"节点颜色" 用于指定选择渐变节点的颜色，"节点透明度" 0% 文本框用于设置指定选定渐变节点的透明度，"加速" .0 文本框用于设置渐变从一个颜色到另外一个颜色的速度。

"椭圆形渐变填充" 　　　"圆锥形渐变填充"　　　"矩形渐变填充"

图 4-165

4.2.3 使用工具进行填充

绘制一个图形，如图 4-166 所示。选择"交互式填充"工具 ，在起点颜色的位置按住鼠标左键拖曳鼠标到适当的位置，松开鼠标左键，图形被填充了预设的颜色，效果如图 4-167 所示。在拖曳的过程中可以控制渐变的角度、渐变的边缘宽度等渐变属性。

图 4-166　　　　　　　图 4-167

拖曳起点颜色和终点颜色可以改变渐变的角度和边缘宽度。拖曳中间点可以调整渐变颜色的分布。拖曳渐变虚线，可以控制颜色渐变与图形之间的相对位置。拖曳渐变上方的圆圈图标可以调整渐变倾斜角度。

4.2.4 使用"渐变填充"对话框填充

选择"编辑填充"工具 ，在弹出的"编辑填充"对话框中单击"渐变填充"按钮 。在对话框中的"镜像、重复和反转"设置区中可选择渐变填充的 3 种类型："默认"渐变填充、"重复和镜像"渐变填充和"重复"渐变填充。

1. 默认渐变填充

"默认渐变填充"按钮 的对话框如图 4-168 所示。

在对话框中设置好渐变颜色后，单击"确定"按钮，完成图形的渐变填充。

图 4-168

在"预览色带"的起点和终点颜色之间双击鼠标左键，将在预览色带上产生一个倒三角形色标■，也就是新增了一个渐变颜色标记，如图 4-169 所示。"节点位置" 选项中显示的百分数就是当前新增渐变颜色标记的位置。单击"节点颜色"选项右侧的按钮，在弹出的下拉选项中设置需要的渐变颜色，"预览"色带上新增渐变颜色标记上的颜色将改变为需要的新颜色。"节点颜色"选项中显示的颜色就是当前新增渐变颜色标记的颜色。

图 4-169

2. 重复和镜像渐变填充

单击选择"重复和镜像"按钮，如图 4-170 所示。再单击调色板中的颜色，可改变自定义渐变填充终点的颜色。

图 4-170

3. 重复渐变填充

单击选择"重复"按钮 ⫴ ，如图 4-171 所示。

图 4-171

4.2.5　渐变填充的样式

绘制一个图形，效果如图 4-172 所示。在"渐变填充"对话框中的"填充挑选器"选项中包含了 CorelDRAW X8 预设的一些渐变效果，如图 4-173 所示。

图 4-172　　　　　　　　　　　　　　　　图 4-173

选择好一个预设的渐变效果，单击"确定"按钮，可以完成渐变填充。使用预设的渐变效果填充的各种渐变效果如图 4-174 所示。

图 4-174

4.2.6 图样填充

向量图样填充是由矢量和线描式图像来生成。选择"编辑填充"工具 ，在弹出的"编辑填充"对话框中单击"向量图样填充"按钮 ，如图 4-175 所示。

图 4-175

位图图样填充是使用位图图片来进行填充。选择"编辑填充"工具 ，在弹出的"编辑填充"对话框中单击"位图图样填充"按钮 ，如图 4-176 所示。

图 4-176

双色图样填充是用两种颜色构成的图案来填充，也就是通过设置前景色和背景色的颜色来填充。选择"编辑填充"工具 ，在弹出的"编辑填充"对话框中单击"双色图样填充"按钮 ，如图 4-177 所示。

图 4-177

4.3　其他填充

除均匀填充、渐变填充和图样填充外，常用的填充还包括底纹填充、网状填充等，这些填充可以使图形更加自然、多变。下面具体介绍这些填充方法和技巧。

4.3.1　课堂案例——绘制 T 恤图案

【案例学习目标】学习使用绘图工具、网状填充和 PostScript 填充工具绘制 T 恤图案。

【案例知识要点】使用椭圆形工具、底纹填充绘制背景，使用基本形状工具、矩形工具、椭圆形工具、形状工具、2 点线工具、网状填充和 PostScript 填充绘制卡通图案，效果如图 4-178 所示。

【效果所在位置】Ch04\效果\绘制 T 恤图案.cdr。

图 4-178

（1）按 Ctrl+N 组合键，新建一个页面。在属性栏的"页面度量"选项中分别设置宽度为 230mm，高度为 230mm，按 Enter 键，页面尺寸显示为设置的大小。

（2）选择"椭圆形"工具 ◯，按住 Ctrl 键的同时，在页面中绘制一个圆形，如图 4-179 所示。按 Shift+F11 组合键，弹出"编辑填充"对话框，单击"底纹填充"按钮 ▦，切换到相应的面板中，单击"预览"框右侧的按钮 ·，在弹出的列表中选择需要的底纹效果，如图 4-180 所示；单击"选项"按钮 选项(O)...，弹出"底纹选项"对话框，设置如图 4-181 所示；单击"确定"按钮，返回到"编辑填充"对话框，将"纸"选项颜色的 RGB 值设为 89、96、117，"墨"选项颜色的 RGB 值设为 51、43、43，其他选项的设置如图 4-182 所示；单击"确定"按钮，填充图形，并去除图形的轮廓线，效果如图 4-183 所示。

图 4-179

图 4-180

图 4-181

图 4-182　　　　　　　　　　图 4-183

（3）选择"基本形状"工具，单击属性栏中的"完美形状"按钮，在弹出的下拉列表中选择需要的形状，如图 4-184 所示。在页面外拖曳光标绘制图形，如图 4-185 所示。设置图形颜色的 CMYK 值为 7、100、78、0，填充图形，并去除图形的轮廓线，效果如图 4-186 所示。

图 4-184　　　　　　图 4-185　　　　　　图 4-186

（4）选择"矩形"工具，在适当的位置绘制一个矩形，设置图形颜色的 CMYK 值为 45、100、100、17，填充图形，并去除图形的轮廓线，效果如图 4-187 所示。

（5）按数字键盘上的+键，复制矩形。选择"选择"工具，向上拖曳矩形下边中间的控制手柄到适当的位置，调整其大小；设置图形颜色的 CMYK 值为 44、0、15、0，填充图形，效果如图 4-188 所示。用相同的方法调整矩形上边，效果如图 4-189 所示。

图 4-187　　　　　　图 4-188　　　　　　图 4-189

（6）选择"选择"工具，选取下方矩形，单击属性栏中的"转换为曲线"按钮，将图形转换为曲线，如图 4-190 所示。选择"形状"工具，选中并向右拖曳右侧的节点到适当的位置，效果如图 4-191 所示。用相同的方法调整左侧节点，效果如图 4-192 所示。

图 4-190   图 4-191   图 4-192

（7）选择"矩形"工具▢，在适当的位置绘制一个矩形，设置图形颜色的 CMYK 值为 7、100、78、0，填充图形，并去除图形的轮廓线，效果如图 4-193 所示。

（8）选择"椭圆形"工具◯，按住 Ctrl 键的同时，在适当的位置绘制一个圆形，设置图形颜色的 CMYK 值为 9、97、67、0，填充图形，并去除图形的轮廓线，效果如图 4-194 所示。

图 4-193   图 4-194

（9）选择"矩形"工具▢，在适当的位置绘制一个矩形，如图 4-195 所示。在属性栏中将"转角半径"选项均设为 10mm，按 Enter 键，效果如图 4-196 所示。设置图形颜色的 CMYK 值为 7、100、78、0，填充图形，并去除图形的轮廓线，效果如图 4-197 所示。

图 4-195   图 4-196   图 4-197

（10）按 Ctrl+PageDown 组合键，后移一层，效果如图 4-198 所示。按数字键盘上的+键，复制图形。选择"选择"工具▸，按住 Shift 键的同时，水平向右拖曳复制的图形到适当的位置，效果如图 4-199 所示。向下拖曳圆角矩形下边中间的控制手柄到适当的位置，调整其大小，效果如图 4-200 所示。

图 4-198　　　　　图 4-199　　　　　图 4-200

（11）选择"椭圆形"工具○，按住 Ctrl 键的同时，在适当的位置绘制一个圆形，设置图形颜色的 CMYK 值为 7、100、78、0，填充图形，并去除图形的轮廓线，效果如图 4-201 所示。

（12）按数字键盘上的+键，复制圆形。选择"选择"工具▶，按住 Shift 键的同时，拖曳右上角的控制手柄，向中心等比例缩小圆形，效果如图 4-202 所示。设置图形颜色的 CMYK 值为 86、82、42、6，填充图形，效果如图 4-203 所示。

图 4-201　　　　　图 4-202　　　　　图 4-203

（13）选择"网状填充"工具，在圆形中心位置单击添加网格，如图 4-204 所示。选择"窗口 >泊坞窗 > 彩色"命令，弹出"颜色泊坞窗"，设置如图 4-205 所示，单击"填充"按钮，效果如图 4-206所示。选择"椭圆形"工具○，按 Shift+Ctrl 组合键的同时，以大圆中心为圆心绘制一个圆形，如图4-207 所示。

图 4-204　　　　　图 4-205　　　　　图 4-206　　　　　图 4-207

（14）按 Shift+F11 组合键，弹出"编辑填充"对话框，单击"PostScript 填充"按钮，切换到相应的面板中，选取需要的 PostScript 底纹样式，其他选项的设置如图 4-208 所示。单击"确定"按钮，填充图形，并去除图形的轮廓线，效果如图 4-209 所示。

图 4-208　　　　　　　　　　　　　　　　　　　图 4-209

（15）选择"矩形"工具▢，在适当的位置绘制一个矩形，填充图形为黑色，并去除图形的轮廓线，效果如图 4-210 所示。在属性栏中将"转角半径"选项设为 40mm，如图 4-211 所示，按 Enter 键，效果如图 4-212 所示。

图 4-210　　　　　　　　　　　图 4-211　　　　　　　　　　　图 4-212

（16）选择"贝塞尔"工具，在适当的位置分别绘制不规则图形，如图 4-213 所示。选择"选择"工具，按住 Shift 键的同时，将绘制的图形同时选取，设置图形颜色的 CMYK 值为 44、0、15、0，填充图形，并去除图形的轮廓线，效果如图 4-214 所示。

图 4-213　　　　　　　　　　　　图 4-214

（17）选择"2 点线"工具，按住 Ctrl 键的同时，在适当的位置绘制一条竖线，如图 4-215 所示。按 F12 键，弹出"轮廓笔"对话框，在"颜色"选项中设置轮廓线颜色的 CMYK 值为 0、0、0、100，其他选项的设置如图 4-216 所示。单击"确定"按钮，效果如图 4-217 所示。

图 4-215

图 4-216

图 4-217

（18）按数字键盘上的+键，复制竖线。选择"选择"工具 ，按住 Shift 键的同时，水平向右拖曳复制的竖线到适当的位置，效果如图 4-218 所示。选择"贝塞尔"工具 ，在适当的位置绘制一条曲线，如图 4-219 所示。

（19）选择"属性滴管"工具 ，将光标放置在左侧竖线上，光标变为 图标，如图 4-220 所示。在图形上单击鼠标吸取属性，光标变为 图标，在曲线上单击鼠标左键，填充图形，效果如图 4-221 所示。

图 4-218   图 4-219   图 4-220   图 4-221

（20）选择"选择"工具 ，用圈选的方法将所绘制的图形全部选取，按 Ctrl+G 组合键，将其群组，拖曳群组图形到页面中适当的位置，效果如图 4-222 所示。

（21）选择"对象 > PowerClip > 置于图文框内部"命令，鼠标光标变为黑色箭头，如图 4-223 所示。在圆形背景上单击，将图形置入圆形背景中，如图 4-224 所示。T 恤图案绘制完成。

图 4-222

图 4-223

图 4-224

4.3.2　底纹填充

选择"编辑填充"工具 ，弹出"编辑填充"对话框，单击"底纹填充"按钮 。在对话框中，CorelDRAW X8 的底纹库提供了多个样本组和几百种预设的底纹填充图案，如图 4-225 所示。

在对话框的"底纹库"选项的下拉列表中可以选择不同的样本组。CorelDRAW X8 底纹库提供了 7 个样本组。选择样本组后，在上面的"预览"框中显示出底纹的效果，单击"预览"框右侧的按钮 ，在弹出的面板中可以选择需要的底纹图案。

图 4-225

绘制一个图形，在"底纹库"中选择需要的样本后，单击"预览"框右侧的按钮 ，在弹出的面板中选择需要的底纹效果，单击"确定"按钮，可以将底纹填充到图形对象中。几个填充不同底纹的图形效果如图 4-226 所示。

图 4-226

选择"交互式填充"工具 ，在属性栏中选择"底纹填充"选项，单击"填充挑选器" 选项右侧的按钮 ，在弹出的下拉列表中可以选择底纹填充的样式。

> **提示**　底纹填充会增加文件的大小，并使操作的时间增长，在对大型的图形对象使用底纹填充时要慎重。

4.3.3　网状填充

绘制一个要进行网状填充的图形，如图 4-227 所示。选择"交互式填充"工具 展开式工具栏中的"网状填充"工具▦,在属性栏中将横竖网格的数值均设置为 3,按 Enter 键,图形的网状填充效果如图 4-228 所示。

单击选中网格中需要填充的节点,如图 4-229 所示。在调色板中需要的颜色上单击鼠标左键,可以为选中的节点填充颜色,效果如图 4-230 所示。

| 图 4-227 | 图 4-228 | 图 4-229 | 图 4-230 |

再依次选中需要的节点并进行颜色填充,如图 4-231 所示。选中节点后,拖曳节点的控制点可以扭曲颜色填充的方向,如图 4-232 所示。交互式网状填充效果如图 4-233 所示。

| 图 4-231 | 图 4-232 | 图 4-233 |

4.3.4　PostScript 填充

PostScript 填充是利用 PostScript 语言设计出来的一种特殊的图案填充。PostScript 图案是一种特殊的图案。只有在"增强"视图模式下,PostScript 填充的底纹才能显示出来。下面介绍 PostScript 填充的方法和技巧。

选择"编辑填充"工具▨,弹出"编辑填充"对话框,单击"PostScript 填充"按钮▨,切换到相应的对话框,如图 4-234 所示,CorelDRAW X8 提供了多个 PostScript 底纹图案。

图 4-234

在对话框中，左侧"预览"框中不需要打印就可以看到 PostScript 底纹的效果。在中间的列表框中提供了多个PostScript底纹，选择一个PostScript底纹，在右侧的"参数"设置区中会出现所选PostScript底纹的参数。不同的 PostScript 底纹会有相对应的不同参数。

在"参数"设置区的各个选项中输入需要的数值，可以改变选择的 PostScript 底纹，产生新的 PostScript 底纹效果，如图 4-235 所示。

选择"交互式填充"工具，在属性栏中选择"PostScript 填充"选项，单击"PostScript 填充底纹" DNA 选项，可以在弹出的下拉面板中选择多种 PostScript 底纹填充的样式对图形对象进行填充，如图 4-236 所示。

图 4-235   图 4-236

提示   CorelDRAW X8 在屏幕上显示 PostScript 填充时用字母 "PS" 表示。PostScript 填充使用的限制非常多，由于 PostScript 填充图案非常复杂，所以在打印和更新屏幕显示时会使处理时间增长。PostScript填充非常占用系统资源，使用时一定要慎重。

4.3.5 滴管工具

使用"属性滴管"工具可以在图形对象上提取并复制对象的属性，进而填充到其他图形对象中。使用"颜色滴管"工具只能将从图形对象上提取的颜色复制到其他图形对象中。

1. 颜色滴管工具

绘制两个图形，如图 4-237 所示。选择"颜色滴管"工具，属性栏如图 4-238 所示。将滴管光标放置在图形对象上，单击鼠标左键来提取对象的颜色，如图 4-239 所示。光标变为图标，将光标移动到另一图形，如图 4-240 所示。单击鼠标，填充提取的颜色，效果如图 4-241 所示。

图 4-237　　　　　　　　　　　图 4-238

图 4-239　　　　　　　　图 4-240　　　　　　　　图 4-241

2. 属性滴管工具

选择"属性滴管"工具，属性栏如图 4-242 所示。将滴管光标放置在图形对象上，单击鼠标左键来提取对象的属性，如图 4-243 所示。光标变为图标，将光标移动到另一图形，如图 4-244 所示。单击鼠标，填充提取的所有属性，效果如图 4-245 所示。

图 4-242　　　　　　　　　　图 4-243

图 4-244　　　　　　　　图 4-245

在"属性吸管"工具属性栏中，"属性"选项下拉列表可以设置提取并复制对象的轮廓属性、填充属性和文本属性。"变换"选项下拉列表可以设置提取并复制对象的大小、旋转和位置等属性。"效果"选项下拉列表可以设置提取并复制对象的透视、封套、混合、立体化、轮廓图、透镜、PowerClip、阴影和变形等属性。

课堂练习——绘制时尚人物

【练习知识要点】使用网格工具和贝塞尔工具绘制眉毛和装饰图形，使用 PostScript 填充工具制作蛛网装饰效果，效果如图 4-246 所示。

【效果所在位置】Ch04\效果\绘制时尚人物.cdr。

图 4-246

课后习题——绘制电池图标

【习题知识要点】使用矩形工具、渐变填充工具、钢笔工具绘制背景，使用矩形工具、渐变填充工具、钢笔工具制作电池效果，使用文本工具输入说明文字，效果如图 4-247 所示。

【效果所在位置】Ch04\效果\绘制电池图标.cdr。

图 4-247

第5章 排列和组合对象

本章介绍

CorelDRAW X8 提供了多个命令和工具来排列和组合图形对象。本章将主要介绍排列和组合对象的功能以及相关的技巧。通过学习本章内容，读者可以学会排列和组合绘图中的图形对象，轻松完成制作任务。

学习目标

● 熟练掌握对齐和分布对象的方法。

● 了解网格和辅助线的设置及使用方法。

● 掌握对象的排序方法。

● 掌握群组和结合的技巧。

技能目标

● 掌握"假日游轮插画"的制作方法。

● 掌握"木版画"的绘制方法。

5.1　对齐和分布

　　CorelDRAW X8 提供了对齐和分布功能来设置对象的对齐和分布方式。下面介绍对齐和分布的使用方法和技巧。

5.1.1　课堂案例——制作假日游轮插画

　　【案例学习目标】学习使用绘画工具、对齐和分布命令制作假日游轮插画。

　　【案例知识要点】使用贝塞尔工具、矩形工具、对齐和分布命令、文本工具制作假日游轮插画，效果如图 5-1 所示。

　　【效果所在位置】Ch05\效果\制作假日游轮插画.cdr。

图 5-1

　　（1）按 Ctrl+N 组合键，新建一个 A4 页面。选择"矩形"工具▢，在适当的位置绘制矩形，设置图形颜色的 CMYK 值为 7、14、26、0，填充图形，并去除图形的轮廓线，效果如图 5-2 所示。选择"贝塞尔"工具⟋，绘制一个图形，如图 5-3 所示。

图 5-2　　　　　　　　　　　图 5-3

　　（2）设置图形颜色的 CMYK 值为 19、19、20、0，填充图形，并去除图形的轮廓线，效果如图 5-4 所示。选择"选择"工具▶，按数字键盘上的+键，复制图形。单击属性栏中的"水平镜像"按钮▣，水平翻转复制的图形，效果如图 5-5 所示。

图 5-4　　　　　　　　　　图 5-5

（3）将图形拖曳到适当的位置，效果如图 5-6 所示。设置图形颜色的 CMYK 值为 27、26、25、0，填充图形，效果如图 5-7 所示。

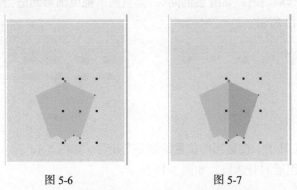

图 5-6　　　　　　　　　　图 5-7

（4）选择"选择"工具，选取需要的图形，按数字键盘上的+键，复制图形。选择"形状"工具，分别将上方的节点拖曳到适当的位置，效果如图 5-8 所示。设置图形颜色的 CMYK 值为 100、80、49、13，填充图形，效果如图 5-9 所示。

图 5-8　　　　　　　　图 5-9

（5）选择"选择"工具，按数字键盘上的+键，复制图形。单击属性栏中的"水平镜像"按钮，水平翻转复制的图形，效果如图 5-10 所示，将其拖曳到适当的位置，效果如图 5-11 所示。设置图形颜色的 CMYK 值为 100、90、58、25，填充图形，效果如图 5-12 所示。

图 5-10　　　　　图 5-11　　　　　图 5-12

（6）选择"矩形"工具□，在适当的位置绘制矩形，设置图形颜色的 CMYK 值为 0、0、0、10，填充图形，并去除图形的轮廓线，效果如图 5-13 所示。再次绘制矩形，设置图形颜色的 CMYK 值为 0、0、0、90，填充图形，效果如图 5-14 所示。选择"选择"工具▶，按住 Shift 键的同时，拖曳图形到适当的位置并单击鼠标右键，复制图形，效果如图 5-15 所示。

图 5-13　　　　　　　　　　　图 5-14　　　　　　　　　　　图 5-15

（7）连续按 Ctrl+D 组合键，复制两个图形，如图 5-16 所示。选择"选择"工具▶，用圈选的方法将需要的图形同时选取。按住 Shift 键的同时，垂直向下拖曳图形到适当的位置并单击鼠标右键，复制图形，效果如图 5-17 所示。

图 5-16　　　　　　　　　图 5-17

（8）选择"矩形"工具□，在适当的位置绘制多个矩形，如图 5-18 所示。选择"选择"工具▶，用圈选的方法将需要的图形同时选取，如图 5-19 所示。

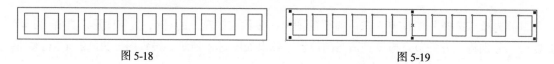

图 5-18　　　　　　　　　　　　图 5-19

（9）选择"对象 > 对齐和分布 > 对齐与分布"命令，弹出"对齐与分布"泊坞窗，单击"底端对齐"按钮▫和"水平分散排列中心"按钮▫，如图 5-20 所示，对齐效果如图 5-21 所示。按 Ctrl+G 组合键群组图形，效果如图 5-22 所示。

图 5-20　　　　　　　　　　　图 5-21

图 5-22

（10）选择"选择"工具 ，用圈选的方法将需要的图形同时选取。在"对齐与分布"泊坞窗中单击"水平居中对齐"按钮 和"垂直居中对齐"按钮 ，如图 5-23 所示，对齐效果如图 5-24 所示。单击属性栏中的"移除后面对象"按钮 ，修改图形，效果如图 5-25 所示。

图 5-23　　　　　　　　　　　　　　图 5-24

图 5-25

（11）保持图形的选取状态，将图形填充为白色，并去除图形的轮廓线，拖曳到适当的位置，效果如图 5-26 所示。选择"矩形"工具 ，在适当的位置绘制矩形，填充为白色，并去除图形的轮廓线，效果如图 5-27 所示。

图 5-26　　　　　　　　　　　　　图 5-27

（12）选择"矩形"工具 ，在适当的位置绘制矩形，设置图形颜色的 CMYK 值为 100、80、49、13，填充图形，并去除图形的轮廓线，效果如图 5-28 所示。再次绘制矩形，设置图形颜色的 CMYK 值为 40、91、100、6，填充图形，并去除图形的轮廓线，效果如图 5-29 所示。选择"选择"工具 ，用圈选的方法将需要的图形同时选取。连续按 Ctrl+PageDown 组合键，后移图形，效果如图 5-30 所示。

图 5-28　　　　　图 5-29　　　　　图 5-30

（13）选择"选择"工具 ，用圈选的方法将需要的图形同时选取。连续按 Ctrl+PageDown 组合键，后移图形，效果如图 5-31 所示。选择"贝塞尔"工具 ，绘制一条曲线，如图 5-32 所示。

图 5-31 　　　　　　　　　　　　　　　　　图 5-32

（14）按 Alt+Enter 组合键，弹出"对象属性"泊坞窗，将轮廓颜色的 CMYK 值设置为 56、9、24、0，其他选项的设置如图 5-33 所示，效果如图 5-34 所示。

图 5-33 　　　　　　　　　　　　　　　　　图 5-34

（15）选择"选择"工具 ，选取需要的曲线。按住 Shift 键的同时，垂直向下拖曳曲线到适当的位置并单击鼠标右键，复制曲线，效果如图 5-35 所示。在属性栏的"轮廓宽度" .2 mm 框中设置数值为 2mm，按 Enter 键，效果如图 5-36 所示。

图 5-35 　　　　　　　　　　　　　　　　　图 5-36

（16）选择"选择"工具 ，用圈选的方法将需要的图形同时选取。按 Ctrl+G 组合键群组图形，效果如图 5-37 所示。选择"文本"工具 字，在图形上输入需要的文字，选择"选择"工具 ，在属性栏中选取适当的字体并设置文字大小，填充文字为白色，效果如图 5-38 所示。

图 5-37　　　　　　　　　　图 5-38

（17）选择"选择"工具 ⬚，按数字键盘上的+键，复制文字。设置文字颜色的 CMYK 值为 0、0、0、50，填充文字，微移其位置，效果如图 5-39 所示。按 Ctrl+PageDown 组合键，后移文字，效果如图 5-40 所示。

图 5-39　　　　　　　　　　图 5-40

（18）选择"选择"工具 ⬚，用圈选的方法将需要的文字同时选取。按 Ctrl+G 组合键群组文字，效果如图 5-41 所示。用圈选的方法将需要的图形和文字同时选取。在"对齐与分布"泊坞窗中单击"水平居中对齐"按钮 ⬚，对齐效果如图 5-42 所示。

图 5-41　　　　　　　　　　图 5-42

（19）按 Ctrl+I 组合键，弹出"导入"对话框，打开本书学习资源中的"Ch05 > 素材 > 制作假日游轮插画 > 01 ～ 10"文件，单击"导入"按钮，在页面中分别单击导入图片，选择"选择"工具 ⬚，分别调整其位置和大小，效果如图 5-43 所示。

（20）选择"选择"工具 ⬚，用圈选的方法将需要的图片同时选取。在"对齐与分布"泊坞窗中单击"水平居中对齐"按钮 ⬚ 和"垂直分散排列中心"按钮 ⬚，如图 5-44 所示，对齐效果如图 5-45 所示。

图 5-43　　　　　　　　　图 5-44　　　　　　　　　图 5-45

（21）选择"选择"工具 ，用圈选的方法将需要的图片同时选取。在"对齐与分布"泊坞窗中单击"水平居中对齐"按钮 和"垂直分散排列中心"按钮 ，如图 5-46 所示，对齐效果如图 5-47 所示。假日游轮插画制作完成，效果如图 5-48 所示。

图 5-46　　　　　　　　　图 5-47　　　　　　　　　图 5-48

5.1.2　多个对象的对齐和分布

1. 多个对象的对齐

使用"选择"工具 选中多个要对齐的对象，选择"对象 > 对齐和分布 > 对齐与分布"命令，或按 Ctrl+Shift+A 组合键，或单击属性栏中的"对齐与分布"按钮 ，弹出如图 5-49 所示的"对齐与分布"泊坞窗。

在"对齐与分布"泊坞窗的"对齐"选项组中，可以选择两组对齐方式，如左对齐、水平居中对齐、右对齐或顶端对齐、垂直居中对齐、底端对齐。两组对齐方式可以单独使用，也可以配合使用，如对齐右底端、左顶端等设置就需要配合使用。

在"对齐对象到"选项组中可以选择对齐基准，如"活动对象"按钮 、"页面边缘"按钮 、"页面中心"按钮 、"网格"按钮 和"指定点"按钮 。对齐基准按钮必须与左、中、右对齐或顶端、中、底端对齐按钮同时使用，以指定图形对象的某个部分去和相应的基准线对齐。

选择"选择"工具 ，按住 Shift 键，单击几个要对齐的图形对象将它们全选中，如图 5-50 所示，注意要将图形目标对象最后选中，因为其他图形对象将以图形目标对象为基准对齐，本例中以右下角的红色鱼图形为图形目标对象，所以最后选中它。

图 5-49

图 5-50

选择"对象 > 对齐和分布 > 对齐与分布"命令，弹出"对齐与分布"泊坞窗，在泊坞窗中单击"右对齐"按钮⯐，如图 5-51 所示，几个图形对象以最后选取的红色鱼图形的右边缘为基准进行对齐，效果如图 5-52 所示。

图 5-51

图 5-52

在"对齐与分布"泊坞窗中，单击"垂直居中对齐"按钮⯐，再单击"对齐对象到"选项组中的"页面中心"按钮⯐，如图 5-53 所示，几个图形对象以页面中心为基准进行垂直居中对齐，效果如图 5-54 所示。

图 5-53

图 5-54

提示 在"对齐与分布"泊坞窗中，可以进行多种图形对齐方式的设置，只要多练习，就可以很快掌握。

2. 多个对象的分布

使用"选择"工具 选择多个要分布的图形对象，如图 5-55 所示。再选择"对象 > 对齐和分布 > 对齐与分布"命令，弹出"对齐与分布"泊坞窗，"分布"选项组中显示分布排列的按钮，如图 5-56 所示。

图 5-55　　　　　　　　　　　　　图 5-56

在"分布"选项组中有两种分布形式，分别是沿垂直方向分布和沿水平方向分布，可以选择不同的基准点来分布对象。

在"将对象分布到"选项组中，分别单击"选定的范围"按钮 和"页面范围"按钮 ，如图 5-57 所示进行设定，几个图形对象的分布效果如图 5-58 所示。

图 5-57　　　　　　　　　　　　　图 5-58

5.1.3　网格和辅助线的设置和使用

1. 设置网格

选择"视图 > 网格 > 文档网格"命令，在页面中生成网格，效果如图 5-59 所示。如果想消除网格，只要再次选择"视图 > 网格 > 文档网格"命令即可。

在绘图页面中单击鼠标右键，弹出其快捷菜单，在菜单中选择"视图 > 文档网格"命令，如图 5-60 所示，也可以在页面中生成网格。

在绘图页面的标尺上单击鼠标右键，弹出快捷菜单，在菜单中选择"栅格设置"命令，如图 5-61 所示，弹出"选项"对话框，如图 5-62 所示。在"文档网格"选项组中可以设置网格的密度和网格点的间距。"基线网格"选项组中可以设置从顶部开始的距离和基线间的间距。若要查看像素网格设置的效果，必须切换到"像素"视图。

图 5-59   图 5-60

图 5-61   图 5-62

2. 设置辅助线

将鼠标的光标移动到水平或垂直标尺上，按住鼠标左键不放，并向下或向右拖曳，可以绘制一条辅助线，在适当的位置松开鼠标左键，辅助线效果如图 5-63 所示。

要想移动辅助线，必须先选中辅助线，将鼠标的光标放在辅助线上并单击鼠标左键，辅助线被选中并呈红色，按住鼠标将辅助线拖曳到适当的位置即可，如图 5-64 所示。在拖曳的过程中单击鼠标右键，可以在当前位置复制出一条辅助线。选中辅助线后，按 Delete 键，可以将辅助线删除。

图 5-63   图 5-64

辅助线被选中变成红色后，再次单击辅助线，将出现辅助线的旋转模式，如图 5-65 所示，可以通过拖曳两端的旋转控制点来旋转辅助线，如图 5-66 所示。

图 5-65　　　　　　　　　　　　　　　　图 5-66

> **提示**　选择"窗口 > 泊坞窗 > 辅助线"命令，或使用鼠标右键单击标尺，弹出快捷菜单，在其中选择"辅助线设置"命令，弹出"辅助线"泊坞窗，可设置辅助线。

在辅助线上单击鼠标右键，在弹出的快捷菜单中选择"锁定对象"命令，可以将辅助线锁定。用相同的方法在弹出的快捷菜单中选择"解锁对象"命令，可以将辅助线解锁。

3. 对齐网格、辅助线和对象

选择"视图 > 贴齐 > 文档网格"命令，或单击"贴齐"按钮，在弹出的下拉列表中选择"文档网格"选项，如图 5-67 所示，或按 Ctrl+Y 组合键。再选择"视图 > 网格 > 文档网格"命令，在绘图页面中设置好网格，在移动图形对象的过程中，图形对象会自动对齐到网格、辅助线或其他图形对象上，如图 5-68 所示。

在"对齐与分布"泊坞窗中选取需要的对齐或分布方式，选择"对齐对象到"选项组中的"网格"按钮⊞，如图 5-69 所示。图形对象的中心点会对齐到最近的网格点，在移动图形对象时，图形对象会对齐到最近的网格点。

图 5-67　　　　　　　　　　图 5-68　　　　　　　　　　图 5-69

选择"视图 > 贴齐 > 辅助线"命令，或单击"贴齐"按钮，在弹出的下拉列表中选择"辅助线"选项，可使图形对象自动对齐辅助线。

选择"视图 > 贴齐 > 对象"命令，或单击"贴齐"按钮，在弹出的下拉列表中选择"对象"选项，或按 Alt+Z 组合键，可使两个对象的中心对齐重合。

技巧 在曲线图形对象之间，用"选择"工具 ，或"形状"工具 ，选择并移动图形对象上的节点时，"贴齐 > 对象"选项的功能可以方便准确地进行节点间的捕捉对齐。

5.1.4 标尺的设置和使用

标尺可以帮助用户了解图形对象的当前位置，以便设计作品时确定作品的精确尺寸。下面介绍标尺的设置和使用方法。

选择"视图 > 标尺"命令，可以显示或隐藏标尺。显示标尺的效果如图 5-70 所示。

图 5-70

将鼠标的光标放在标尺左上角的 图标上，按住鼠标左键不放并拖曳，出现十字虚线的标尺定位线，如图 5-71 所示。在需要的位置松开鼠标左键，可以设定新的标尺坐标原点。双击 图标，可以将标尺还原到原始的位置。

按住 Shift 键，将鼠标的光标放在标尺左上角的 图标上，按住鼠标左键不放并拖曳，可以将标尺移动到新位置，如图 5-72 所示。使用相同的方法将标尺拖放回左上角，可以还原标尺的位置。

图 5-71   图 5-72

5.1.5 标注线的绘制

工具箱中共有 5 种标注工具，它们从上到下依次是"平行度量"工具、"水平或垂直度量"工具、"角度量"工具、"线段度量"工具和"3 点标注"工具。选择"平行度量"工具 ∕，弹出其属性栏，如图 5-73 所示。

图 5-73

打开一个图形对象，如图 5-74 所示。选择"平行度量"工具 ∕，将鼠标的光标移动到图形对象的左侧顶部单击并向下拖曳光标，将光标移动到图形对象的底部后再次单击鼠标左键，再将鼠标光标拖曳到线段的中间，如图 5-75 所示。再次单击完成标注，效果如图 5-76 所示。使用相同的方法，可以用其他标注工具为图形对象进行标注，标注完成后的图形效果如图 5-77 所示。

图 5-74　　　　　　图 5-75　　　　　　图 5-76　　　　　　图 5-77

5.1.6 对象的排序

在 CorelDRAW X8 中，绘制的图形对象都存在着重叠的关系，如果在绘图页面中的同一位置先后绘制两个不同背景的图形对象，后绘制的图形对象将位于先绘制图形对象的上方。

使用 CorelDRAW X8 的排序功能可以安排多个图形对象的前后顺序，也可以使用图层来管理图形对象。

在绘图页面中先后绘制几个不同的图形对象，效果如图 5-78 所示。使用"选择"工具 ▶ 选择要进行排序的图形对象，如图 5-79 所示。

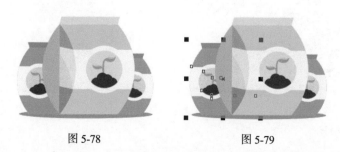

图 5-78　　　　　　图 5-79

选择"对象 > 顺序"子菜单下的各个命令，如图 5-80 所示，可将已选择的图形对象排序。

选择"到图层前面"命令，可以将背景图形从当前层移动到绘图页面中其他图形对象的最前面，效果如图 5-81 所示。按 Shift+PageUp 组合键，也可以完成这个操作。

选择"到图层后面"命令，可以将背景图形从当前层移动到绘图页面中其他图形对象的最后面，如图 5-82 所示。按 Shift+PageDown 组合键，也可以完成这个操作。

图 5-80   图 5-81   图 5-82

选择"向前一层"命令，可以将选定的图形从当前位置向前移动一个图层，如图 5-83 所示。按 Ctrl+PageUp 组合键，也可以完成这个操作。

当图形位于图层最前面的位置时，选择"向后一层"命令，可以将选定的图形从当前位置向后移动一个图层，如图 5-84 所示。按 Ctrl+PageDown 组合键，也可以完成这个操作。

图 5-83   图 5-84

选择"置于此对象前"命令，可以将选择的图形放置到指定图形对象的前面。选择"置于此对象前"命令后，鼠标的光标变为黑色箭头，使用黑色箭头单击指定的图形对象，如图 5-85 所示，图形被放置到指定图形对象的前面，效果如图 5-86 所示。

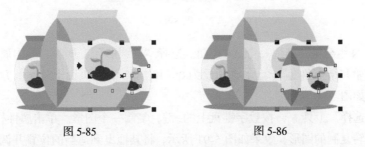

图 5-85   图 5-86

选择"置于此对象后"命令，可以将选择的图形放置到指定图形对象的后面。选择"置于此对象后"命令后，鼠标的光标变为黑色箭头，使用黑色箭头单击指定的图形对象，如图 5-87 所示，图形被放置到指定的背景图形对象的后面，效果如图 5-88 所示。

图 5-87   图 5-88

5.2 群组和结合

CorelDRAW X8 提供了群组和结合功能，群组可以将多个不同的图形对象组合在一起，方便整体操作；结合可以将多个图形对象合并在一起，创建出一个新的对象。下面介绍群组和结合的方法和技巧。

5.2.1 课堂案例——绘制木版画

【案例学习目标】学习使用几何图形工具、合并命令和对齐与分布泊坞窗绘制木版画。

【案例知识要点】使用椭圆工具绘制鸡身图形，使用贝塞尔工具绘制小鸡腿部图形，使用矩形工具和渐变工具绘制背景，使用文本工具添加文字，使用合并命令对所有的图形进行合并，效果如图5-89 所示。

【效果所在位置】Ch05\效果\绘制木版画.cdr。

图 5-89

（1）按 Ctrl+N 组合键，新建一个 A4 页面。选择"椭圆形"工具 ○，单击属性栏中的"饼图"按钮 ◠，将"起始和结束角度" 选项设为 0°和 180°，在页面上从左上方向右下方拖曳鼠标绘制图形，效果如图 5-90 所示。

（2）选择"选择"工具 ▸，按数字键盘上的+键，复制一个图形。单击属性栏中的"垂直镜像"按钮 ⧉，垂直翻转复制的图形，效果如图 5-91 所示，将其拖曳到适当的位置并调整大小，效果如图5-92 所示。

图 5-90　　　　　　　　图 5-91　　　　　　　　图 5-92

（3）选择"贝塞尔"工具 ，绘制一个图形，如图 5-93 所示。选择"选择"工具 ，按数字键盘上的+键，复制一个图形。在属性栏中单击"水平镜像"按钮 ，水平翻转图形。按住 Ctrl 键的同时，水平向右拖曳图形到适当的位置，效果如图 5-94 所示。

图 5-93　　　　　　　　　图 5-94

（4）选择"贝塞尔"工具 ，绘制一个图形，如图 5-95 所示。选择"选择"工具 ，按两次数字键盘上的+键，复制两个图形，分别拖曳复制的图形到适当的位置，效果如图 5-96 所示。

图 5-95　　　　　　　　　图 5-96

（5）选择"贝塞尔"工具 ，绘制一个图形，如图 5-97 所示。选择"3 点椭圆形"工具 ，单击属性栏中的"椭圆形"按钮 ，在适当的位置分别绘制 3 个倾斜的椭圆形，如图 5-98 所示。

图 5-97　　　　　　　　　图 5-98

（6）选择"贝塞尔"工具 ，绘制一个图形，如图 5-99 所示。用相同的方法再次绘制多个图形，效果如图 5-100 所示。

图 5-99   图 5-100

（7）选择"椭圆形"工具 ○，按住 Ctrl 键的同时，绘制一个圆形，如图 5-101 所示。用相同的方法再次绘制多个圆形，效果如图 5-102 所示。

图 5-101   图 5-102

（8）选择"贝塞尔"工具 ✎，绘制一个图形，如图 5-103 所示。选择"选择"工具 ▶，按两次数字键盘上的+键，复制两个图形，分别拖曳图形到适当的位置并调整其大小，效果如图 5-104 所示。

图 5-103   图 5-104

（9）选择"矩形"工具 □，按住 Ctrl 键的同时，绘制一个正方形，如图 5-105 所示。按 F11 键，弹出"编辑填充"对话框，选择"渐变填充"按钮 ▰，将"起点"颜色的 CMYK 值设置为 0、0、100、0，"终点"颜色的 CMYK 值设置为 0、100、100、0，其他选项的设置如图 5-106 所示。单击"确定"按钮，填充图形，并去除图形的轮廓线，效果如图 5-107 所示。

（10）按 Shift+PageDown 组合键，将正方形置后，效果如图 5-108 所示。选择"选择"工具 ▶，用圈选的方法将所需要的图形同时选取，如图 5-109 所示。单击属性栏中的"合并"按钮，将图形结合为一个图形，效果如图 5-110 所示。

图 5-105 图 5-106

图 5-107　　　　图 5-108　　　　图 5-109　　　　图 5-110

（11）选择"矩形"工具，按住 Ctrl 键的同时，绘制一个正方形，设置图形颜色的 CMYK 值为 0、0、100、0，填充图形，并去除图形的轮廓线，效果如图 5-111 所示。按 Shift+PageDown 组合键，将其置后，效果如图 5-112 所示。

图 5-111　　　　　　　　图 5-112

（12）选择"选择"工具，用圈选的方法将所需要的图形同时选取。单击属性栏中的"对齐与分布"按钮，弹出"对齐与分布"泊坞窗，单击"水平居中对齐"按钮和"垂直居中对齐"按钮，如图 5-113 所示，对齐效果如图 5-114 所示。木版画绘制完成。

图 5-113

图 5-114

5.2.2　组合对象

绘制几个图形对象，使用"选择"工具 选中要进行群组的图形对象，如图 5-115 所示。选择"对象 > 组合 > 组合对象"命令，或按 Ctrl+G 组合键，或单击属性栏中的"组合对象"按钮，都可以将多个图形对象进行群组，效果如图 5-116 所示。按住 Ctrl 键，选择"选择"工具，单击需要选取的子对象，松开 Ctrl 键，子对象被选取，效果如图 5-117 所示。

图 5-115　　　　　　　　　　图 5-116　　　　　　　　　　图 5-117

群组后的图形对象变成一个整体，移动一个对象，其他的对象将会随着移动，填充一个对象，其他的对象也将随着被填充。

选择"对象 > 组合 > 取消组合对象"命令，或按 Ctrl+U 组合键，或单击属性栏中的"取消组合对象"按钮，可以取消对象的群组状态。选择"对象 > 组合 > 取消组合所有对象"命令，或单击属性栏中的"取消组合所有对象"按钮，可以取消所有对象的群组状态。

> **提示**　在群组中，子对象可以是单个的对象，也可以是多个对象组成的群组，称之为群组的嵌套。使用群组的嵌套可以管理多个对象之间的关系。

5.2.3　结合

绘制几个图形对象，如图 5-118 所示。使用"选择"工具选中要进行结合的图形对象，如图 5-119 所示。

图 5-118　　　　　　　　　图 5-119

选择"对象 > 合并"命令，或按 Ctrl+L 组合键，可以将多个图形对象合并，效果如图 5-120 所示。

使用"形状"工具 选中结合后的图形对象，可以对图形对象的节点进行调整，如图 5-121 所示，改变图形对象的形状，效果如图 5-122 所示。

图 5-120　　　　　　　　图 5-121　　　　　　　　图 5-122

选择"对象 > 拆分曲线"命令，或按 Ctrl+K 组合键，可以取消图形对象的合并状态，原来合并的图形对象将变为多个单独的图形对象。

提示　如果对象合并前有颜色填充，那么结合后的对象将显示最后选取对象的颜色。如果使用圈选的方法选取对象，将显示圈选框最下方对象的颜色。

课堂练习——制作中秋节海报

【练习知识要点】使用导入命令导入素材图片，使用对齐和分布命令对齐对象，使用文本工具、形状工具添加并编辑主题文字，效果如图 5-123 所示。

【效果所在位置】Ch05\效果\制作中秋节海报.cdr。

图 5-123

课后习题——绘制可爱猫头鹰

【习题知识要点】使用椭圆形工具和图样填充命令绘制背景，使用椭圆形工具和 PowerClip 命令绘制猫头鹰的身体，使用贝塞尔工具、矩形工具、3 点椭圆形工具、多边形工具和群组命令绘制猫头鹰的五官，效果如图 5-124 所示。

【效果所在位置】Ch05\效果\绘制可爱猫头鹰.cdr。

图 5-124

第6章

编辑文本

本章介绍

CorelDRAW X8 具有强大的文本输入、编辑和处理功能。在 CorelDRAW X8 中，除了可以进行常规的文本输入和编辑外，还可以进行复杂的特效文本处理。通过学习本章内容，读者可以了解并掌握应用 CorelDRAW X8 编辑文本的方法和技巧。

学习目标

- 掌握创建和编辑文本的方法。
- 熟练掌握文本属性面板的使用方法。
- 掌握制表位和制表符的设置方法。
- 熟练掌握文本效果的制作方法。

技能目标

- 掌握"咖啡招贴"的制作方法。
- 掌握"台历"的制作方法。
- 掌握"美食内页"的制作方法。
- 掌握"蜂蜜广告"的制作方法。

6.1 文本的基本操作

在 CorelDRAW 中，文本是具有特殊属性的图形对象。下面介绍在 CorelDRAW X8 中处理文本的一些基本操作。

6.1.1 课堂案例——制作咖啡招贴

【案例学习目标】学习使用绘图工具和文本工具制作咖啡海报。

【案例知识要点】使用导入命令和 PowerClip 命令制作背景效果，使用矩形工具和复制命令绘制装饰图形，使用文本工具和对象属性泊坞窗添加宣传文字，效果如图 6-1 所示。

图 6-1

【效果所在位置】Ch06\效果\制作咖啡招贴.cdr。

（1）按 Ctrl+N 组合键，新建一个文件。在属性栏的"页面度量"选项中将"宽度"选项设为 210mm，"高度"选项设为 285mm，按 Enter 键，页面显示为设置的大小。双击"矩形"工具□，绘制一个与页面大小相等的矩形，如图 6-2 所示。

（2）按 Ctrl+I 组合键，弹出"导入"对话框，选择本书学习资源中的"Ch06 > 素材 > 制作咖啡招贴 > 01"文件，单击"导入"按钮，在页面中单击导入图片，拖曳到适当的位置并调整其大小，效果如图 6-3 所示。

（3）选择"选择"工具▶，选取导入的图片，按 Ctrl+PageDown 组合键，后移图形。选择"对象 > PowerClip > 置于图文框内部"命令，鼠标光标变为黑色箭头形状，在矩形上单击鼠标，将图片置入矩形中，并去除图形的轮廓线，效果如图 6-4 所示。

（4）选择"矩形"工具□，在适当的位置绘制矩形，设置图形颜色的 CMYK 值为 4、76、83、0，填充图形，并去除图形的轮廓线，效果如图 6-5 所示。

图 6-2   图 6-3   图 6-4   图 6-5

（5）选择"选择"工具▶，按住 Shift 键的同时，将矩形垂直向下拖曳到适当的位置并单击鼠标右键，复制矩形，如图 6-6 所示。在属性栏的"转角半径" 框中进行设置，如图 6-7 所示，按 Enter 键，效果如图 6-8 所示。

（6）保持图形的选取状态。设置图形颜色的 CMYK 值为 40、85、100、5，填充图形，效果如图 6-9 所示。按 Ctrl+PageDown 组合键，后移图形，效果如图 6-10 所示。选择"选择"工具▶，用圈选的方法将需要的图形同时选取,按住 Shift 键的同时,将其水平向右拖曳到适当的位置并单击鼠标右键,复制图形,如图 6-11 所示。

图 6-6　　　　　　　　图 6-7　　　　　　　图 6-8　　图 6-9　　图 6-10　　图 6-11

（7）选择"选择"工具 ，选取需要的图形,设置填充颜色的 CMYK 值为 3、9、23、0,填充图形,效果如图 6-12 所示。再次选取需要的图形,设置填充颜色的 CMYK 值为 39、39、48、0,填充图形,效果如图 6-13 所示。

（8）选择"选择"工具 ，用圈选的方法将需要的图形同时选取,如图 6-14 所示。按住 Shift 键的同时,将其水平向右拖曳到适当的位置并单击鼠标右键,复制图形,如图 6-15 所示。

图 6-12　　　　图 6-13　　　　图 6-14　　　　图 6-15

（9）连续按 Ctrl+D 组合键,复制多个图形,效果如图 6-16 所示。选择"矩形"工具 ，在适当的位置绘制矩形,设置图形颜色的 CMYK 值为 4、76、83、0,填充图形,并去除图形的轮廓线,效果如图 6-17 所示。再次绘制矩形,设置图形颜色的 CMYK 值为 40、85、100、5,填充图形,并去除图形的轮廓线,效果如图 6-18 所示。

图 6-16

图 6-17

图 6-18

（10）选择"文本"工具 字，在页面中分别输入需要的文字,选择"选择"工具 ，在属性栏中分别选取适当的字体并设置文字大小,设置填充颜色的 CMYK 值为 0、0、100、0,填充文字,效果如图 6-19 所示。

（11）选取需要的文字,按 Alt+Enter 组合键,弹出"对象属性"泊坞窗,单击"段落"按钮 ，弹出相应的泊坞窗，选项的设置如图 6-20 所示，按 Enter 键，文字效果如图 6-21 所示。

图 6-19　　　　　　　　　　　图 6-20　　　　　　　　　　　图 6-21

（12）选取需要的文字，在"对象属性"泊坞窗中选项的设置如图 6-22 所示，按 Enter 键，文字效果如图 6-23 所示。

（13）选取需要的文字，在"对象属性"泊坞窗中选项的设置如图 6-24 所示，按 Enter 键，文字效果如图 6-25 所示。

图 6-22　　　　　　　图 6-23　　　　　　　图 6-24　　　　　　　图 6-25

（14）选择"文本"工具 字，在页面中分别输入需要的文字，选择"选择"工具 ，在属性栏中分别选取适当的字体并设置文字大小，效果如图 6-26 所示。按住 Shift 键的同时，将需要的文字同时选取，设置填充颜色的 CMYK 值为 20、0、20、0，填充文字，效果如图 6-27 所示。选取需要的文字，设置填充颜色的 CMYK 值为 0、0、100、0，填充文字，效果如图 6-28 所示。

图 6-26　　　　　　　图 6-27　　　　　　　图 6-28

（15）保持文字的选取状态。在"对象属性"泊坞窗中选项的设置如图 6-29 所示，按 Enter 键，文字效果如图 6-30 所示。再次单击文字，使其处于旋转状态，向右拖曳上方中间的控制手柄到适当的位置，效果如图 6-31 所示。

图 6-29　　　　　　　　　　图 6-30　　　　　　　　　　图 6-31

（16）按住 Shift 键的同时，将需要的文字同时选取，在"对象属性"泊坞窗中选项的设置如图 6-32 所示，按 Enter 键，文字效果如图 6-33 所示。

图 6-32　　　　　　　　　　　　图 6-33

（17）选择"文本"工具 字，在页面中分别输入需要的文字，选择"选择"工具 ▶，在属性栏中分别选取适当的字体并设置文字大小，填充适当的颜色，效果如图 6-34 所示。选取需要的文字，在"对象属性"泊坞窗中选项的设置如图 6-35 所示，按 Enter 键，文字效果如图 6-36 所示。

图 6-34　　　　　　　　图 6-35　　　　　　　　图 6-36

（18）选择"选择"工具 ▶，用圈选的方法将需要的文字同时选取，在属性栏的"旋转角度" ⊙ ₀ ○ 框中设置数值为 - 8°，按 Enter 键，效果如图 6-37 所示。选择"文本"工具 字，在页面中输入需要的文字，选择"选择"工具 ▶，在属性栏中分别选取适当的字体并设置文字大小，效果如图 6-38 所示。

图 6-37 图 6-38

（19）保持文字的选取状态，在"对象属性"泊坞窗中选项的设置如图 6-39 所示，按 Enter 键，文字效果如图 6-40 所示。咖啡招贴制作完成，效果如图 6-41 所示。

图 6-39 图 6-40 图 6-41

6.1.2 创建文本

CorelDRAW X8 中的文本有两种类型，分别是美术字文本和段落文本。它们在使用方法、应用编辑格式、应用特殊效果等方面有很大的区别。

1. 输入美术字文本

选择"文本"工具 字，在绘图页面中单击鼠标左键，出现"I"形插入文本光标，这时属性栏显示为"文本"属性栏，选择字体，设置字号和字符属性，如图 6-42 所示。设置好后，直接输入美术字文本，效果如图 6-43 所示。

图 6-42 图 6-43

2. 输入段落文本

选择"文本"工具 字，在绘图页面中按住鼠标左键不放，沿对角线拖曳，出现一个矩形的文本框，松开鼠标左键，文本框如图 6-44 所示。在"文本"属性栏中选择字体，设置字号和字符属性，如图 6-45 所示。设置好后，直接在虚线框中输入段落文本，效果如图 6-46 所示。

图 6-44   图 6-45   图 6-46

提示 利用剪切、复制和粘贴等命令，可以将其他文本处理软件中的文本复制到 CorelDRAW X8 的文本框中，如 Office 软件。

3．转换文本模式

使用"选择"工具 选中美术字文本，如图 6-47 所示。选择"文本 > 转换为段落文本"命令，或按 Ctrl+F8 组合键，可以将其转换为段落文本，如图 6-48 所示。再次按 Ctrl+F8 组合键，可以将其转换为美术字文本，如图 6-49 所示。

图 6-47   图 6-48   图 6-49

提示 当美术字文本转换成段落文本后，它就不是图形对象，也就不能进行特殊效果的操作。当段落文本转换成美术字文本后，它会失去段落文本的格式。

6.1.3 改变文本的属性

1．在属性栏中改变文本的属性

选择"文本"工具 字，属性栏如图 6-50 所示。各选项的含义如下。

字体：单击 Arial 右侧的三角按钮，可以选取需要的字体。

字号：单击 12 pt 右侧的三角按钮，可以选取需要的字号。

B I U：设定字体为粗体、斜体或下划线。

"文本对齐"按钮 ：在其下拉列表中选择文本的对齐方式。

"文本属性"按钮 A。：打开"文本属性"面板。

"编辑文本"按钮 abl：打开"编辑文本"对话框，可以编辑文本的各种属性。

／：设置文本的排列方式为水平或垂直。

2．利用"文本属性"面板改变文本的属性

单击属性栏中的"文本属性"按钮 A。，打开"文本属性"面板，如图 6-51 所示，可以设置文字的字体及大小等属性。

图 6-50 图 6-51

6.1.4　文本编辑

选择"文本"工具字，在绘图页面中的文本中单击鼠标左键，插入鼠标光标并按住鼠标左键不放，拖曳鼠标可以选中需要的文本，松开鼠标左键，如图 6-52 所示。

在"文本"属性栏中重新选择字体，如图 6-53 所示。设置完成后，选中文本的字体被改变，效果如图 6-54 所示。在"文本"属性栏中还可以设置文本的其他属性。

图 6-52 图 6-53 图 6-54

选中需要填色的文本，如图 6-55 所示，在调色板中需要的颜色上单击鼠标左键，可以为选中的文本填充颜色，如图 6-56 所示。在页面上的任意位置单击鼠标左键，可以取消对文本的选取。

图 6-55 图 6-56

按住 Alt 键并拖曳文本框，如图 6-57 所示，可以按文本框的大小改变段落文本的大小，如图 6-58 所示。

图 6-57   图 6-58

选中需要复制的文本，如图 6-59 所示，按 Ctrl+C 组合键，将选中的文本复制到 Windows 的剪贴板中。用光标在文本中其他位置单击插入光标，再按 Ctrl+V 组合键，可以将选中的文本粘贴到文本中的其他位置，效果如图 6-60 所示。

图 6-59   图 6-60

在文本中的任意位置插入鼠标的光标，效果如图 6-61 所示，再按 Ctrl+A 组合键，可以将整个文本选中，效果如图 6-62 所示。

图 6-61   图 6-62

选择"选择"工具 ，选中需要编辑的文本，单击属性栏中的"编辑文本"按钮 ，或选择"文本 > 编辑文本"命令，或按 Ctrl+Shift+T 组合键，弹出"编辑文本"对话框，如图 6-63 所示。

在"编辑文本"对话框中，上面的选项 可以设置文本的属性，中间的文本栏可以输入需要的文本。

单击下面的"选项"按钮，弹出如图 6-64 所示的快捷菜单，可以在其中选择需要的命令来完成编辑文本的操作。

单击下面的"导入"按钮，弹出如图 6-65 所示的"导入"对话框，可以将需要的文本导入"编辑文本"对话框的文本框中。

在"编辑文本"对话框中编辑好文本后，单击"确定"按钮，编辑好的文本内容就会出现在绘图页面中。

图 6-63   图 6-64   图 6-65

6.1.5　文本导入

在杂志、报纸的制作过程中，经常会将已编辑好的文本插入页面中，这些编辑好的文本都是用其他的字处理软件输入的。使用 CorelDRAW X8 的导入功能，可以方便快捷地完成输入文本的操作。

1．使用剪贴板导入文本

CorelDRAW X8 可以借助剪贴板在两个运行的程序间剪贴文本。一般可以使用的字处理软件有 Word、WPS 等。

在 Word、WPS 等软件的文件中选中需要的文本，按 Ctrl+C 组合键，将文本复制到剪贴板。

在 CorelDRAW X8 中选择"文本"工具**字**，在绘图页面中需要插入文本的位置单击鼠标左键，出现"I"形插入文本光标。按 Ctrl+V 组合键，将剪贴板中的文本粘贴到插入文本光标的位置，美术字文本的导入完成。

在 CorelDRAW X8 中选择"文本"工具**字**，在绘图页面中单击鼠标左键并拖曳光标绘制出一个文本框。按 Ctrl+V 组合键，将剪贴板中的文本粘贴到文本框中。段落文本的导入完成。

选择"编辑 > 选择性粘贴"命令，弹出"选择性粘贴"对话框，如图 6-66 所示。在对话框中，可以将文本以图片、Word 文档格式、纯文本 Text 格式导入，可以根据需要选择不同的导入格式。

图 6-66

2. 使用菜单命令导入文本

选择"文件 > 导入"命令，或按 Ctrl+I 组合键，弹出"导入"对话框，选择需要导入的文本文件，如图 6-67 所示，单击"导入"按钮。

在绘图页面上会出现"导入/粘贴文本"对话框，如图 6-68 所示。转换过程正在进行，如果单击"取消"按钮，可以取消文本的导入。若确定导入，则选择需要的导入方式，单击"确定"按钮。

图 6-67　　　　　　　　　　　　　　　　　　图 6-68

转换过程完成后，绘图页面中会出现一个标题光标，如图 6-69 所示，按住鼠标左键并拖曳绘制出文本框，如图 6-70 所示；松开鼠标左键，导入的文本出现在文本框中，如图 6-71 所示。如果文本框的大小不合适，可以用鼠标拖曳文本框边框的控制点调整文本框的大小，如图 6-72 所示。

图 6-69　　　　　　　　　　　　　　　　　　图 6-70

图 6-71　　　　　　　　　　　　　　　　　　图 6-72

提示　当导入的文本文字太多时，绘制的文本框将不能容纳这些文字，这时，CorelDRAW X8 会自动增加新页面，并建立相同的文本框，将其余容纳不下的文字导入进去，直到全部导入完成为止。

6.1.6 字体属性

字体属性的修改方法很简单，下面介绍使用"形状"工具 修改字体的属性的方法和技巧。

用美术字模式在绘图页面中输入文本，效果如图 6-73 所示。选择"形状"工具 ，在每个文字的左下角将出现一个空心节点□，效果如图 6-74 所示。

图 6-73   图 6-74

使用"形状"工具 单击第二个字的空心节点□，使空心节点□变为黑色■，如图 6-75 所示。在属性栏中选择新的字体，第二个字的字体属性被改变，效果如图 6-76 所示。使用相同的方法，将第三个字的字体属性改变，效果如图 6-77 所示。

图 6-75   图 6-76   图 6-77

6.1.7 复制文本属性

使用复制文本属性的功能可以快速地将不同的文本属性设置成相同的文本属性。下面介绍具体的复制方法。

在绘图页面中输入两个不同文本属性的词语，如图 6-78 所示。选中文本"Best"，如图 6-79 所示。用鼠标的右键拖曳"Best"文本到"Design"文本上，鼠标的光标变为A 图标，如图 6-80 所示。

图 6-78   图 6-79   图 6-80

松开鼠标右键，弹出快捷菜单，选择"复制所有属性"命令，如图 6-81 所示，将"Best"文本的属性复制给"Design"文本，效果如图 6-82 所示。

图 6-81　　　　　　　　　　　图 6-82

6.1.8　课堂案例——制作台历

【案例学习目标】学习使用文本工具、对象属性泊坞窗和制表位命令制作台历。

【案例知识要点】使用矩形工具和复制命令制作挂环，使用文本工具和制表位命令制作台历日期，使用文本工具和对象属性命令制作年份，使用两点线工具绘制虚线，效果如图 6-83 所示。

【效果所在位置】Ch06\效果\制作台历.cdr。

（1）按 Ctrl+N 组合键，新建一个 A4 页面。选择"矩形"工具 □，在页面中绘制一个矩形，按 F11 键，弹出"编辑填充"对话框，选择"渐变填充"按钮 ，将"起点"颜色的 CMYK 值设置为 0、0、0、10，"终点"颜色的 CMYK 值设置为 0、0、0、40，其他选项的设置如图 6-84 所示。单击"确定"按钮，填充图形，并去除图形的轮廓线，效果如图 6-85 所示。

图 6-83

图 6-84

图 6-85

（2）选择"矩形"工具 □，在适当的位置绘制一个矩形，在"CMYK 调色板"中的"50%黑"色块上单击鼠标左键，填充图形，并去除图形的轮廓线，效果如图 6-86 所示。

（3）按数字键盘上的+键，复制矩形。选择"选择"工具 ，按住 Shift 键的同时，垂直向上拖曳复制的矩形到适当的位置；在"CMYK 调色板"中的"10%黑"色块上单击鼠标左键，填充图形，效果如图 6-87 所示。

图 6-86   图 6-87

（4）按 Ctrl+I 组合键，弹出"导入"对话框，选择本书学习资源中的"Ch06 > 素材 > 制作台历 > 01"文件，单击"导入"按钮，在页面中单击导入图片，选择"选择"工具，拖曳图片到适当的位置并调整其大小，效果如图 6-88 所示。

（5）选择"对象 > PowerClip > 置于图文框内部"命令，鼠标光标变为黑色箭头形状，如图 6-89 所示，在矩形上单击鼠标，将图片置入矩形中，效果如图 6-90 所示。

图 6-88   图 6-89   图 6-90

（6）选择"矩形"工具，在适当的位置绘制矩形，填充图形为黑色，并去除图形的轮廓线，效果如图 6-91 所示。再绘制一个矩形，设置图形颜色的 CMYK 值为 0、0、0、30，填充图形，并去除图形的轮廓线，效果如图 6-92 所示。

（7）选择"选择"工具，选取矩形，将其拖曳到适当的位置并单击鼠标右键，复制图形，效果如图 6-93 所示。用圈选的方法将需要的图形同时选取，按 Ctrl+G 组合键，群组图形，效果如图 6-94 所示。将群组图形拖曳到适当的位置并单击鼠标右键，复制图形，效果如图 6-95 所示。连续按 Ctrl+D 组合键，复制多个图形，效果如图 6-96 所示。

图 6-91   图 6-92   图 6-93   图 6-94

图 6-95   图 6-96

（8）选择"文本"工具**字**，在页面空白处按住鼠标左键不放，拖曳鼠标绘制文本框，如图 6-97 所示。选择"文本 > 制表位"命令，弹出"制表位设置"对话框，如图 6-98 所示。

图 6-97   图 6-98

（9）单击对话框左下角的"全部移除"按钮，清空所有的制表位位置点，如图 6-99 所示。在对话框中的"制表位位置"选项中输入数值 15，连续按 8 次对话框上面的"添加"按钮，添加 8 个位置点，如图 6-100 所示。

图 6-99   图 6-100

（10）单击"对齐"下的按钮 ▼，选择"中"对齐，如图 6-101 所示。将 8 个位置点全部选择"中"对齐，如图 6-102 所示，单击"确定"按钮。

（11）将光标置于段落文本框中，按 Tab 键，输入文字"日"，效果如图 6-103 所示。按 Tab 键，光标跳到下一个制表位处，输入文字"一"，如图 6-104 所示。

（12）依次输入其他需要的文字，如图 6-105 所示。按 Enter 键，将光标换到下一行，按 5 下 Tab 键，输入需要的文字，如图 6-106 所示。用相同的方法依次输入需要的文字，效果如图 6-107 所示。选取文本框，在属性栏中选择合适的字体并设置文字大小，效果如图 6-108 所示。

图 6-101　　　　　　　　　　　　　　　图 6-102

图 6-103　　　　　　　　　　　　　　　图 6-104

图 6-105　　　　　　　　　　　　　　　图 6-106

图 6-107　　　　　　　　　　　　　　　图 6-108

（13）按 Ctrl+T 组合键，弹出"文本属性"面板，单击"段落"按钮▤，切换到相应的面板中进行设置，如图 6-109 所示，按 Enter 键，文字效果如图 6-110 所示。

图 6-109　　　　　　　　　　　　　　　图 6-110

（14）选择"文本"工具 字，分别选取需要的文字，设置图形颜色的 CMYK 值为 0、100、100、10，填充文字，效果如图 6-111 所示。选择"选择"工具 ，向上拖曳文本框下方中间的控制手柄到适当的位置，效果如图 6-112 所示。

图 6-111　　　　　　　　　　　　　　　图 6-112

（15）选择"选择"工具 ，将文本框拖曳到适当的位置，效果如图 6-113 所示。选择"文本"工具 字，在页面中分别输入需要的文字，选择"选择"工具 ，在属性栏中分别选取适当的字体并设置文字大小，效果如图 6-114 所示。

（16）选择"选择"工具 ，选取需要的文字。按 Alt+Enter 组合键，弹出"对象属性"泊坞窗，单击"段落"按钮 ，弹出相应的泊坞窗，选项的设置如图 6-115 所示，按 Enter 键，文字效果如图 6-116 所示。设置填充颜色的 CMYK 值为 0、100、100、20，填充文字，效果如图 6-117 所示。

（17）选择"文本"工具 字，在页面中输入需要的文字，选择"选择"工具 ，在属性栏中选取适当的字体并设置文字大小，效果如图 6-118 所示。

图 6-113　　　　　　　　　　图 6-114　　　　　　　　　　图 6-115

图 6-116　　　　　　　　　　图 6-117　　　　　　　　　　图 6-118

（18）选择"2 点线"工具 ，按住 Shift 键的同时，绘制直线，效果如图 6-119 所示。在属性栏中的"轮廓样式" 框中选择需要的样式，如图 6-120 所示，效果如图 6-121 所示。

159

图 6-119   图 6-120   图 6-121

（19）选择"选择"工具，将虚线拖曳到适当的位置并单击鼠标右键，复制虚线，效果如图 6-122 所示。向左拖曳左侧中间的控制手柄，调整虚线长度，效果如图 6-123 所示。

图 6-122   图 6-123

（20）选择"选择"工具，将虚线拖曳到适当的位置并单击鼠标右键，复制虚线，效果如图 6-124 所示。台历制作完成，效果如图 6-125 所示。

图 6-124   图 6-125

6.1.9　设置间距

输入美术字文本或段落文本，效果如图 6-126 所示。使用"形状"工具选中文本，文本的节点将处于编辑状态，如图 6-127 所示。用鼠标拖曳图标，可以调整文本中字符和字符的间距；拖曳图标，可以调整文本中行的间距，如图 6-128 所示。使用键盘上的方向键，可以对文本进行微调。

图 6-126

图 6-127

图 6-128

按住 Shift 键，将段落中第二行文字左下角的节点全部选中，如图 6-129 所示。将鼠标放在黑色的节点上并拖曳鼠标，如图 6-130 所示。可以将第二行文字移动到需要的位置，效果如图 6-131 所示。使用相同的方法可以对单个字进行移动调整。

图 6-129

图 6-130

图 6-131

> **提示** 单击"文本"属性栏中的"文本属性"按钮 A₀，弹出"文本属性"面板，在"字距调整范围"选项的数值框中可以设置字符的间距；在"段落"设置区的"行间距"选项中可以设置行的间距，用来控制段落中行与行之间的距离。

6.1.10 设置文本嵌线和上下标

1. 设置文本嵌线

选中需要处理的文本，如图 6-132 所示。单击"文本"属性栏中的"文本属性"按钮 A₀，弹出"文本属性"面板，如图 6-133 所示。

图 6-132

图 6-133

单击"下划线"按钮 U，在弹出的下拉列表中选择线型，如图 6-134 所示，文本下划线的效果如图 6-135 所示。

图 6-134　　　　　　　　　　　　　　　　图 6-135

选中需要处理的文本，如图 6-136 所示。在"文本属性"面板中单击▼按钮，弹出更多选项，在"字符删除线" ab 无 选项的下拉列表中选择线型，如图 6-137 所示，文本删除线的效果如图 6-138 所示。

图 6-136　　　　　　　　　　图 6-137　　　　　　　　　　图 6-138

选中需要处理的文本，如图 6-139 所示。在"字符上划线" AB 无 选项的下拉列表中选择线型，如图 6-140 所示，文本上划线的效果如图 6-141 所示。

图 6-139　　　　　　　　　　图 6-140　　　　　　　　　　图 6-141

2. 设置文本上下标

选中需要制作上标的文本，如图 6-142 所示。单击"文本"属性栏中的"文本属性"按钮 Aφ，弹出"文本属性"面板，如图 6-143 所示。

单击"位置"按钮 X²，在弹出的下拉列表中选择"上标"选项，如图 6-144 所示，效果如图 6-145 所示。

图 6-142

图 6-143

图 6-144

图 6-145

选中需要制作下标的文本，如图 6-146 所示。单击"位置"按钮 X^2，在弹出的下拉列表中选择"下标"选项，如图 6-147 所示，效果如图 6-148 所示。

图 6-146

图 6-147

图 6-148

3. 设置文本的排列方向

选中文本，如图 6-149 所示。在"文本"属性栏中，单击"将文本更改为水平方向"按钮 或"将文本更改为垂直方向"按钮 ，可以水平或垂直排列文本，垂直排列的文本效果如图 6-150 所示。

选择"文本 > 文本属性"命令，弹出"文本属性"面板，单击"图文框"选项中的"垂直"或"水平"选择文本的排列方向，如图 6-151 所示。该设置可以改变文本的排列方向。

图 6-149

图 6-150

图 6-151

6.1.11 设置制表位和制表符

1. 设置制表位

选择"文本"工具 ，在绘图页面中绘制一个段落文本框，在上方的标尺上出现多个制表位，如图 6-152 所示。选择"文本 > 制表位"命令，弹出"制表位设置"对话框，如图 6-153 所示，在对话框中可以进行制表位的设置。

图 6-152   图 6-153

在数值框中输入数值或调整数值，可以设置制表位的距离，如图 6-154 所示。

在"制表位设置"对话框中，单击"对齐"选项，出现制表位对齐方式下拉列表，可以设置字符出现在制表位上的位置，如图 6-155 所示。

图 6-154   图 6-155

在"制表位设置"对话框中，选中一个制表位，单击"移除"或"全部移除"按钮，可以删除制表位，单击"添加"按钮，可以增加制表位。设置好制表位后，单击"确定"按钮，可以完成制表位的设置。

提示　在段落文本框中插入光标，在键盘上按 Tab 键，每按一次 Tab 键，插入的光标就会按新设置的制表位移动。

2. 设置制表符

选择"文本"工具 字 ，在绘图页面中绘制一个段落文本框，效果如图 6-156 所示。

在上方的标尺上出现多个"L"形滑块，就是制表符，效果如图 6-157 所示。在任意一个制表符上单击鼠标右键，弹出快捷菜单，在快捷菜单中可以选择该制表符的对齐方式，如图 6-158 所示，也可以对网格、标尺和辅助线进行设置。

在上方的标尺上拖曳"L"形滑块，可以将制表符移动到需要的位置，效果如图 6-159 所示。在标尺上的任意位置单击鼠标左键，可以添加一个制表符，效果如图 6-160 所示。将制表符拖放到标尺外，就可以删除该制表符。

图 6-156　　　　　　图 6-157　　　　　　图 6-158

图 6-159　　　　　　图 6-160

6.2 文本效果

在 CorelDRAW X8 中，可以根据设计制作任务的需要，制作多种文本效果。下面具体讲解文本效果的制作。

6.2.1 课堂案例——制作美食内页

【案例学习目标】学习使用文本工具、文本属性面板、内置文本命令和栏命令制作美食内页。

【案例知识要点】使用文本工具和文本属性面板编辑文字，使用矩形工具、透明度工具制作图形半透明效果，使用栏命令制作分栏效果，使用椭圆形工具和内置文本命令制作文本绕图，效果如图 6-161 所示。

【效果所在位置】Ch06\效果\制作美食内页.cdr。

1. 制作内页 1

（1）按 Ctrl+N 组合键，新建一个页面，在属性栏的"页面度量"选项中分别设置宽度为 420mm，高度为 285mm，按 Enter 键确定操作，页面尺寸显示为设置的大小。

图 6-161

（2）选择"视图 > 标尺"命令，在视图中显示标尺。选择"选择"工具 ⬚，在页面中拖曳一条垂直辅助线，在属性栏中将"X 位置"选项设为 210mm，按 Enter 键，在页面空白处单击鼠标，如图 6-162 所示。

（3）双击"矩形"工具 ⬚，绘制一个与页面大小相等的矩形，在"CMYK 调色板"中的"90%黑"色块上单击鼠标左键，填充图形，并去除图形的轮廓线，效果如图 6-163 所示。

图 6-162   图 6-163

（4）按 Ctrl+I 组合键，弹出"导入"对话框，选择本书学习资源中的"Ch06 > 素材 > 制作美食内页 > 01"文件，单击"导入"按钮，在页面中单击导入图片，选择"选择"工具 ⬚，拖曳图片到适当的位置并调整其大小，效果如图 6-164 所示。

（5）选择"选择"工具 ⬚，选取下方矩形，按 Ctrl+C 组合键，复制矩形，按 Ctrl+V 组合键，原位粘贴矩形，向左拖曳复制矩形右侧中间的控制手柄到适当的位置，调整其大小，如图 6-165 所示。

图 6-164   图 6-165

（6）选择"选择"工具 ⬚，选取下方图片，选择"对象 > PowerClip > 置于图文框内部"命令，鼠标光标变为黑色箭头形状，在矩形上单击鼠标左键，如图 6-166 所示，将图片置入矩形中，效果如图 6-167 所示。

图 6-166   图 6-167

（7）选择"文本"工具字，在页面中分别输入需要的文字，选择"选择"工具，在属性栏中分别选取适当的字体并设置文字大小，填充文字为白色，效果如图 6-168 所示。选取需要的文字，设置文字颜色的 CMYK 值为 0、100、100、15，填充文字，效果如图 6-169 所示。

图 6-168　　　　　　　　　图 6-169

（8）选择"矩形"工具，在适当的位置绘制一个矩形，填充图形为黑色，并去除图形的轮廓线，效果如图 6-170 所示。选择"透明度"工具，在属性栏中单击"均匀透明度"按钮，其他选项的设置如图 6-171 所示，按 Enter 键，效果如图 6-172 所示。

图 6-170　　　　　　　　图 6-171　　　　　　　　图 6-172

（9）双击打开本书学习资源中的"Ch06 > 素材 > 制作美食内页 > 04"文件，按 Ctrl+A 组合键，全选文本，按 Ctrl+C 组合键，复制文本。选择"文本"工具字，在页面中拖曳一个文本框，按 Ctrl+V 组合键，粘贴文本。选择"选择"工具，在属性栏中选取适当的字体并设置文字大小，填充文字为白色，效果如图 6-173 所示。

（10）选择"文本 > 文本属性"命令，在弹出的"文本属性"面板中进行设置，如图 6-174 所示；按 Enter 键，效果如图 6-175 所示。

图 6-173　　　　　　　　图 6-174　　　　　　　　图 6-175

（11）选择"文本 > 栏"命令，在弹出的"栏设置"对话框中进行设置，如图 6-176 所示，单击"确定"按钮，效果如图 6-177 所示。

图 6-176

图 6-177

（12）选择"椭圆形"工具 ◯，按住 Ctrl 键的同时，在页面外绘制一个圆形，如图 6-178 所示。设置图形颜色的 CMYK 值为 0、20、100、0，填充图形，效果如图 6-179 所示。按 F12 键，弹出"轮廓笔"对话框，将"颜色"选项的 CMYK 值设为 0、0、100、0，其他选项的设置如图 6-180 所示，单击"确定"按钮，效果如图 6-181 所示。

图 6-178   图 6-179   图 6-180   图 6-181

（13）选择"文本"工具 字，在页面中拖曳文本框并输入需要的文字，如图 6-182 所示。分别选取需要的文字，在属性栏中分别选取适当的字体并设置文字大小，效果如图 6-183 所示。

图 6-182   图 6-183

（14）选择"选择"工具 ▶，选取文本，单击鼠标右键并将其拖曳到圆形上，如图 6-184 所示，松开鼠标右键，弹出快捷菜单，选择"内置文本"命令，如图 6-185 所示，文本被置入图形内，效果如图 6-186 所示。选择"文本 > 段落文本框 > 使文本适合框架"命令，使文本适合文本框，如图 6-187 所示。

图 6-184　　　　　图 6-185　　　　　图 6-186　　　　　图 6-187

（15）保持文字的选取状态，在"文本属性"面板中，单击"居中"按钮，如图 6-188 所示，按 Enter 键，文字效果如图 6-189 所示。选择"选择"工具，用圈选的方法选取需要的图形和文字，并将其拖曳到页面中适当的位置，效果如图 6-190 所示。

图 6-188　　　　　　图 6-189　　　　　　　　　图 6-190

2. 制作内页 2

（1）选择"矩形"工具，在页面右上角绘制矩形，填充图形为白色，并去除图形的轮廓线，效果如图 6-191 所示。选择"文本"工具，在适当的位置输入需要的文字，选择"选择"工具，在属性栏中选取适当的字体并设置文字大小，填充文字为白色，效果如图 6-192 所示。

图 6-191　　　　　　　　　　　图 6-192

（2）选择"文本"工具，选取英文文字"Headline"，在属性栏中选取适当的字体并设置文字大小；设置文字颜色的 CMYK 值为 0、100、100、15，填充文字，效果如图 6-193 所示。

（3）选择"选择"工具，选取文字，在"文本属性"面板中，单击"段落"按钮，切换到相应的面板，选项的设置如图 6-194 所示，按 Enter 键，文字效果如图 6-195 所示。

图 6-193   图 6-194   图 6-195

（4）按 Ctrl+I 组合键，弹出"导入"对话框，选择本书学习资源中的"Ch06 > 素材 > 制作美食内页 > 02"文件，单击"导入"按钮，在页面中单击导入图片，选择"选择"工具 ，拖曳图片到适当的位置并调整其大小，效果如图 6-196 所示。

（5）选择"文本"工具 字，在页面中分别输入需要的文字，选择"选择"工具 ，在属性栏中分别选取适当的字体并设置文字大小，填充文字为白色，效果如图 6-197 所示。

图 6-196   图 6-197

（6）双击打开本书学习资源中的"Ch06 > 素材 > 制作美食内页 > 05"文件，按 Ctrl+A 组合键，全选文本，按 Ctrl+C 组合键，复制文本。选择"文本"工具 字，在页面中拖曳文本框，按 Ctrl+V 组合键，粘贴文本。选择"选择"工具 ，在属性栏中选取适当的字体并设置文字大小，填充文字为白色，效果如图 6-198 所示。在"文本属性"面板中，选项的设置如图 6-199 所示，按 Enter 键，文字效果如图 6-200 所示。

图 6-198   图 6-199   图 6-200

（7）按 Ctrl+I 组合键，弹出"导入"对话框，选择本书学习资源中的"Ch06 > 素材 > 制作美食内页 > 03"文件，单击"导入"按钮，在页面中单击导入图片，选择"选择"工具 ，拖曳图片到适当的位置并调整其大小，效果如图 6-201 所示。

（8）选择"文本"工具 字，在页面中分别输入需要的文字，选择"选择"工具 ，在属性栏中分别选取适当的字体并设置文字大小，效果如图 6-202 所示。用圈选的方法将需要的文字同时选取，设置填充颜色的 CMYK 值为 0、100、100、15，填充文字，效果如图 6-203 所示。

| 图 6-201 | 图 6-202 | 图 6-203 |

（9）选取下方需要的文字，填充文字为白色，在"文本属性"面板中，选项的设置如图 6-204 所示，按 Enter 键，文字效果如图 6-205 所示。美食内页制作完成，效果如图 6-206 所示。

| 图 6-204 | 图 6-205 | 图 6-206 |

6.2.2　设置首字下沉和项目符号

1. 设置首字下沉

在绘图页面中打开一个段落文本，效果如图 6-207 所示。选择"文本 > 首字下沉"命令，弹出"首字下沉"对话框，勾选"使用首字下沉"复选框，其他选项设置如图 6-208 所示。

| 图 6-207 | 图 6-208 |

单击"确定"按钮，各段落首字下沉效果如图 6-209 所示。勾选"首字下沉使用悬挂式缩进"复

选框，单击"确定"按钮，悬挂式缩进首字下沉效果如图 6-210 所示。

图 6-209

图 6-210

2. 设置项目符号

在绘图页面中打开一个段落文本，效果如图 6-211 所示。选择"文本 > 项目符号"命令，弹出"项目符号"对话框，勾选"使用项目符号"复选框，对话框如图 6-212 所示。

图 6-211

图 6-212

在对话框"外观"设置区的"字体"选项中可以设置字体的类型；在"符号"选项中可以选择项目符号样式；在"大小"选项中可以设置字体符号的大小；在"基线位移"选项中可以选择基线的距离。在"间距"设置区中可以调节文本和项目符号的缩进距离。

设置需要的选项，如图 6-213 所示。单击"确定"按钮，段落文本中添加了新的项目符号，效果如图 6-214 所示。

图 6-213

图 6-214

在段落文本中需要另起一段的位置插入光标，如图 6-215 所示。按 Enter 键，项目符号会自动添加在新段落的前面，效果如图 6-216 所示。

图 6-215   图 6-216

6.2.3 文本绕路径

选择"文本"工具 字，在绘图页面中输入美术字文本，使用"椭圆形"工具 ○ 绘制一个椭圆路径，选中美术字文本，效果如图 6-217 所示。

选择"文本 > 使文本适合路径"命令，出现箭头图标，将箭头放在椭圆路径上，文本自动绕路径排列，如图 6-218 所示，单击鼠标左键确定，效果如图 6-219 所示。

图 6-217   图 6-218   图 6-219

选中绕路径排列的文本，如图 6-220 所示，属性栏状态显示如图 6-221 所示。

图 6-220   图 6-221

在属性栏中可以设置"文字方向""与路径的距离""偏移"，通过设置可以产生多种文本绕路径的效果，如图 6-222 所示。

图 6-222

6.2.4　对齐文本

选择"文本"工具 **字**，在绘图页面中输入段落文本，单击"文本"属性栏中的"文本对齐"按钮 **▦**，弹出其下拉列表，共有 6 种对齐方式，如图 6-223 所示。

选择"文本 > 文本属性"命令，弹出"文本属性"面板，单击"段落"按钮 **▤**，切换到"段落"属性面板，单击"调整间距设置"按钮 **⋯**，弹出"间距设置"对话框，在对话框中可以选择文本的对齐方式，如图 6-224 所示。

无：CorelDRAW X8 默认的对齐方式。选择它将不对文本产生影响，文本可以自由地变换，但单纯的无对齐方式时，文本的边界会参差不齐。

左：选择左对齐后，段落文本会以文本框的左边界对齐。

居中：选择居中对齐后，段落文本的每一行都会在文本框中居中。

右：选择右对齐后，段落文本会以文本框的右边界对齐。

全部调整：选择全部调整后，段落文本的每一行都会同时对齐文本框的左右两端。

强制调整：选择强制调整后，可以对段落文本的所有格式进行调整。

选中进行过移动调整的文本，如图 6-225 所示，选择"文本 > 对齐基线"命令，可以将文本重新对齐，效果如图 6-226 所示。

图 6-223　　　　图 6-224　　　　图 6-225　　　　图 6-226

6.2.5　内置文本

选择"文本"工具 **字**，在绘图页面中输入美术字文本，使用"贝塞尔"工具 **✐** 绘制一个图形，选中美术字文本，效果如图 6-227 所示。

用鼠标右键拖曳文本到图形内，当光标变为十字形的圆环 **⊕** 时，松开鼠标右键，弹出快捷菜单，选择"内置文本"命令，如图 6-228 所示，文本被置入图形内，美术字文本自动转换为段落文本，效果如图 6-229 所示。选择"文本 > 段落文本框 > 使文本适合框架"命令，文本和图形对象基本适配，效果如图 6-230 所示。

图 6-227

图 6-228   图 6-229   图 6-230

6.2.6 段落文字的连接

在文本框中经常出现文本被遮住而不能完全显示的问题，如图 6-231 所示。可以通过调整文本框的大小来使文本完全显示，也可以通过多个文本框的连接来使文本完全显示。

选择"文本"工具**字**，单击文本框下部的 图标，鼠标光标变为 形状，在页面中按住鼠标左键不放，沿对角线拖曳鼠标，绘制一个新的文本框，如图 6-232 所示。松开鼠标左键，在新绘制的文本框中显示出被遮住的文字，效果如图 6-233 所示。拖曳文本框到适当的位置，如图 6-234 所示。

图 6-231   图 6-232

图 6-233   图 6-234

6.2.7 段落分栏

选择一个段落文本，如图 6-235 所示。选择"文本 > 栏"命令，弹出"栏设置"对话框，将"栏数"选项设置为"2"，栏间宽度设置为"8mm"，如图 6-236 所示。设置好后，单击"确定"按钮，段落文本被分为两栏，效果如图 6-237 所示。

图 6-235　　　　　　　　　　图 6-236　　　　　　　　　　图 6-237

6.2.8　文本绕图

CorelDRAW X8 提供了多种文本绕图的形式，应用好文本绕图可以使设计制作的杂志或报刊更加生动美观。

选择"文件 > 导入"命令，或按 Ctrl+I 组合键，弹出"导入"对话框。在对话框的"查找范围"列表框中选择需要的文件夹，在文件夹中选取需要的位图文件，单击"导入"按钮，在页面中单击鼠标左键，图形被导入到页面中，将其调整到段落文本中的适当位置，效果如图 6-238 所示。

在属性栏中单击"文本换行"按钮，在弹出的下拉菜单中选择需要的绕图方式，如图 6-239 所示，文本绕图效果如图 6-240 所示。

在属性栏中单击"文本换行"按钮，在弹出的下拉菜单中可以设置换行样式，在"文本换行偏移"选项的数值框中可以设置偏移距离，如图 6-241 所示。

图 6-238　　　　　　　图 6-239　　　　　　　图 6-240　　　　　　　图 6-241

6.2.9　课堂案例——制作蜂蜜广告

【案例学习目标】学习使用将文字转换为曲线命令来制作蜂蜜广告。

【案例知识要点】使用文本工具输入标题文字，使用字符命令添加字符，使用转换为曲线命令将文字转换为图形，使用贝塞尔工具绘制图形，使用手绘工具绘制直线，效果如图 6-242 所示。

【效果所在位置】Ch06\效果\制作蜂蜜广告.cdr。

图 6-242

（1）按 Ctrl+N 组合键，新建一个文件。在属性栏的"页面度量"选项中将"宽度"选项设为 297mm，"高度"选项设为 105mm，按 Enter 键，页面显示为设置的大小。按 Ctrl+I 组合键，弹出"导入"对话框，选择本书学习资源中的"Ch06 > 素材 > 制作蜂蜜广告 > 01"文件，单击"导入"按钮，在页面中单击导入图片。按 P 键，将图片在页面中居中对齐，效果如图 6-243 所示。

图 6-243

（2）选择"文本"工具 **字**，输入需要的文字。选择"选择"工具 ，在属性栏中选择合适的字体并设置文字大小，效果如图 6-244 所示。

图 6-244

（3）设置文字填充颜色的 CMYK 值为 70、0、100、0，填充文字。按 F12 键，弹出"轮廓笔"对话框，将轮廓色设置为白色，其他选项的设置如图 6-245 所示，单击"确定"按钮，效果如图 6-246 所示。

图 6-245

图 6-246

（4）选择"选择"工具 ▶，再次单击文字，使文字属于旋转状态，如图 6-247 所示。向右拖曳文字上方中间位置的控制手柄到适当的位置，将文字倾斜，效果如图 6-248 所示。按 Ctrl+Q 组合键，将文字转换为曲线，如图 6-249 所示。

| 图 6-247 | 图 6-248 | 图 6-249 |

（5）选择"贝塞尔"工具 ✎，绘制一个图形，设置图形颜色的 CMYK 值为 100、0、100、50，填充图形，并去除图形的轮廓线，效果如图 6-250 所示。

（6）选择"对象 > PowerClip > 置于图文框内部"命令，鼠标的光标变为黑色箭头形状，在文字上单击鼠标左键，如图 6-251 所示，将图形置入文字中，效果如图 6-252 所示。使用相同的方法添加其他的文字，并在文字内置入其他的图形，效果如图 6-253 所示。

| 图 6-250 | 图 6-251 | 图 6-252 | 图 6-253 |

（7）选择"文件 > 打开"命令，弹出"打开绘图"对话框。选择本书学习资源中的"Ch06 > 素材 > 制作蜂蜜广告 > 02"文件，单击"打开"按钮，将图形粘贴到页面中，并拖曳到适当的位置，效果如图 6-254 所示。选择"矩形"工具 ▢，在适当的位置绘制矩形，如图 6-255 所示。

（8）选择"对象 > PowerClip > 置于图文框内部"命令，鼠标的光标变为黑色箭头形状，在矩形上单击鼠标左键，如图 6-256 所示，将图形置入矩形中，并去除矩形的轮廓线，效果如图 6-257 所示。

| 图 6-254 | 图 6-255 | 图 6-256 | 图 6-257 |

（9）选择"矩形"工具 ▢，在属性栏的"转角半径" ▨ 框中设置数值为 10，按 Enter 键，在适当的位置绘制圆角矩形，设置图形颜色的 CMYK 值为 0、0、100、0，填充图形，并去除图形的轮廓线，效果如图 6-258 所示。

（10）选择"文本"工具 字，输入需要的文字。选择"选择"工具 ▶，在属性栏中选择合适的字体并设置文字大小，设置文字填充颜色的 CMYK 值为 0、100、100、0，填充文字，效果如图 6-259 所示。

图 6-258   图 6-259

（11）选择"矩形"工具□，在适当的位置绘制矩形，设置图形颜色为黑色，填充图形，并去除图形的轮廓线，效果如图 6-260 所示。

（12）选择"文本"工具字，输入需要的文字。选择"选择"工具↖，在属性栏中选择合适的字体并设置文字大小，设置文字填充颜色为白色，填充文字，效果如图 6-261 所示。

图 6-260   图 6-261

（13）选择"矩形"工具□，在适当的位置绘制矩形，设置图形颜色的 CMYK 值为 30、0、100、0，填充图形，并去除图形的轮廓线，效果如图 6-262 所示。用相同的方法绘制其他矩形，并填充适当的颜色，效果如图 6-263 所示。

图 6-262   图 6-263

（14）选择"贝塞尔"工具✐，绘制一个图形，设置图形颜色的 CMYK 值为 40、0、100、0，填充图形，并去除图形的轮廓线，效果如图 6-264 所示。连续按 Ctrl+PageDown 组合键两次，向后移动图形，效果如图 6-265 所示。用相同的方法绘制其他图形，填充适当的颜色，并向后移动图形，效果如图 6-266 所示。

（15）选择"选择"工具↖，圈选需要的图形，如图 6-267 所示。按数字键盘上的+键，复制图形，并将其拖曳到适当的位置，效果如图 6-268 所示。

图 6-264   图 6-265   图 6-266   图 6-267

图 6-268

（16）选择"多边形"工具◯，在属性栏的"点数或边数"◯5⊡框中设置数值为 3，按 Enter 键，在适当的位置绘制一个图形，设置图形颜色为黑色，填充图形，并去除图形的轮廓线，效果如图 6-269 所示。

（17）选择"透明度"工具▨，在属性栏中的设置如图 6-270 所示，按 Enter 键，效果如图 6-271 所示。

图 6-269　　　　　　　　　　图 6-270　　　　　　　　　　图 6-271

（18）选择"文本"工具字，输入需要的文字。选择"选择"工具▸，在属性栏中选择合适的字体并设置文字大小。按 F12 键，弹出"轮廓笔"对话框，将轮廓色设置为白色，其他选项的设置如图 6-272 所示，单击"确定"按钮，效果如图 6-273 所示。

图 6-272　　　　　　　　　　　　　　图 6-273

（19）选择"文本"工具字，选取需要的文字，如图 6-274 所示。设置文字填充颜色的 CMYK 值为 0、100、0、0，填充文字，效果如图 6-275 所示。

图 6-274　　　　　　　　　　　　　　图 6-275

（20）选择"矩形"工具▢，在属性栏的"转角半径"⊡框中设置数值为 10，按 Enter键，在适当的位置绘制圆角矩形，如图 6-276 所示。设置图形颜色的 CMYK 值为 40、0、100、0，填充图形。按 F12 键，弹出"轮廓笔"对话框，将轮廓色的 CMYK 值为 100、0、100、50，其他选项的设置如图 6-277 所示，单击"确定"按钮，效果如图 6-278 所示。

（21）选择"文本"工具字，输入需要的文字。选择"选择"工具▸，在属性栏中选择合适的字体并设置文字大小，设置文字填充颜色为白色，填充文字，效果如图 6-279 所示。用相同的方法添加其他文字，效果如图 6-280 所示。在属性栏中单击"文本对齐"按钮▤，在弹出的下拉菜单中可以设置文本对齐方式，如图 6-281 所示，效果如图 6-282 所示。

图 6-276

图 6-277

图 6-278

图 6-279

图 6-280

图 6-281

图 6-282

（22）选择"文本"工具 字 ，在适当的位置单击鼠标左键，插入光标，选择"文本 > 插入字符"命令，弹出"插入字符"泊坞窗，选取需要的字符，如图 6-283 所示，双击选取的字符，插入字符，效果如图 6-284 所示。设置字符颜色的 CMYK 值为 0、0、100、0，填充字符，效果如图 6-285 所示。

图 6-283

图 6-284

图 6-285

（23）选择"选择"工具 ，按数字键盘上的+键，复制图形，将其拖曳到适当的位置，并调整图形的大小，效果如图 6-286 所示。在属性栏的"旋转角度" 框中设置数值为 338，效果如图 6-287 所示。用相同的方法复制图形，并旋转适当的角度，效果如图 6-288 所示。蜂蜜广告制作完成，效果如图 6-289 所示。

图 6-286

图 6-287

图 6-288

图 6-289

6.2.10　插入字符

选择"文本"工具 字，在文本中需要的位置单击鼠标左键插入光标，如图 6-290 所示。选择"文本 > 插入字符"命令，或按 Ctrl+F11 组合键，弹出"插入字符"泊坞窗，在需要的字符上双击鼠标左键，或选中字符后单击"复制"按钮，如图 6-291 所示，然后在页面中粘贴即可，字符插入文本中的效果如图 6-292 所示。

图 6-290　　　　　　　　图 6-291　　　　　　　　图 6-292

6.2.11　将文字转化为曲线

使用 CorelDRAW X8 编辑好美术文本后，通常需要把文本转换为曲线。转换后既可以对美术文本任意变形，又可以使转曲后的文本对象不会丢失其文本格式。具体操作步骤如下。

选择"选择"工具 ▲选中文本，如图 6-293 所示。选择"对象 > 转换为曲线"命令，或按 Ctrl+Q 组合键，将文本转化为曲线，如图 6-294 所示。可用"形状"工具 ⬏，对曲线文本进行编辑，并修改文本的形状。

图 6-293　　　　　　　　　　　　图 6-294

6.2.12　创建文字

应用 CorelDRAW X8 的独特功能，可以轻松地创建出计算机字库中没有的汉字，方法其实很简单，下面介绍具体的创建方法。

使用"文本"工具 字输入两个具有创建文字所需偏旁的汉字，如图 6-295 所示。用"选择"工具 ▲

选取文字，效果如图 6-296 所示。按 Ctrl+Q 组合键，将文字转换为曲线，效果如图 6-297 所示。

图 6-295 图 6-296 图 6-297

再按 Ctrl+K 组合键，将转换为曲线的文字打散，选择"选择"工具 选取所需偏旁，将其移动到创建文字的位置，进行组合，效果如图 6-298 所示。

组合好新文字后，用"选择"工具 圈选新文字，效果如图 6-299 所示，再按 Ctrl+G 组合键，将新文字组合，如图 6-300 所示。新文字就制作完成了，效果如图 6-301 所示。

图 6-298 图 6-299 图 6-300 图 6-301

课堂练习——制作旅游宣传单

【练习知识要点】使用文本工具添加文字内容，使用转化为曲线命令编辑文字效果，使用贝塞尔工具、椭圆形工具和基本形状工具绘制图形效果，使用渐变填充工具填充文字，效果如图 6-302 所示。

【效果所在位置】Ch06\效果\制作旅游宣传单.cdr。

图 6-302

课后习题——制作网页广告

【习题知识要点】使用导入命令导入背景图片，使用文本工具输入需要的宣传文字，效果如图 6-303 所示。

【效果所在位置】Ch06\效果\制作网页广告.cdr。

图 6-303

第 **7** 章 编辑位图

本章介绍

CorelDRAW X8 提供了强大的位图编辑功能。本章将介绍导入和转换位图、位图滤镜的使用等知识。通过学习本章内容，读者可以了解并掌握如何应用 CorelDRAW X8 的强大功能来处理和编辑位图。

- -

学习目标

- 掌握位图的导入和转换方法。
- 运用特效滤镜编辑和处理位图。

- -

技能目标

- 掌握"商场广告"的制作方法。

7.1 导入并转换位图

CorelDRAW X8 提供了导入位图和将矢量图形转换为位图的功能，下面介绍导入并转换为位图的具体操作方法。

7.1.1 导入位图

选择"文件 > 导入"命令，或按 Ctrl+I 组合键，弹出"导入"对话框，在对话框的"查找范围"列表框中选择需要的文件夹，在文件夹中选中需要的位图文件，如图 7-1 所示。

选中需要的位图文件后，单击"导入"按钮，鼠标的光标变为 状，如图 7-2 所示。在绘图页面中单击鼠标左键，位图被导入绘图页面中，如图 7-3 所示。

图 7-1 图 7-2 图 7-3

7.1.2 转换为位图

CorelDRAW X8 提供了将矢量图形转换为位图的功能。下面介绍具体的操作方法。

打开一个矢量图形并保持其选取状态，选择"位图 > 转换为位图"命令，弹出"转换为位图"对话框，如图 7-4 所示。

分辨率：在弹出的下拉列表中选择要转换为位图的分辨率。

颜色模式：在弹出的下拉列表中选择要转换的色彩模式。

光滑处理：可以在转换成位图后消除位图的锯齿。

透明背景：可以在转换成位图后保留原对象的通透性。

图 7-4

7.2 使用滤镜

CorelDRAW X8 提供了多种滤镜，可以对位图进行各种效果的处理。灵活使用位图的滤镜，可以为设计的作品增色不少。下面具体介绍滤镜的使用方法。

7.2.1 课堂案例——制作商场广告

【案例学习目标】学习使用编辑位图命令和文字工具制作商场广告。

【案例知识要点】使用导入命令、旋涡命令、天气命令和高斯式模糊命令添加和编辑背景图片，使用矩形工具和置于图文框内部命令制作背景效果，使用文本工具和字符面板制作宣传文字，效果如图 7-5 所示。

【效果所在位置】Ch07\效果\制作商场广告.cdr。

（1）按 Ctrl+N 组合键，新建一个 A4 页面。按 Ctrl+I 组合键，弹出"导入"对话框，选择本书学习资源中的"Ch07 > 素材 > 制作商场广告 >01"文件，单击"导入"按钮，在页面中单击导入图片，调整其大小，效果如图 7-6 所示。

图 7-5

（2）选择"位图 > 扭曲 > 旋涡"命令，在弹出的对话框中进行设置，如图 7-7 所示，单击"确定"按钮，效果如图 7-8 所示。

图 7-6   图 7-7   图 7-8

（3）选择"位图 > 创造性 > 天气"命令，在弹出的对话框中进行设置，如图 7-9 所示，单击"确定"按钮，效果如图 7-10 所示。

（4）按 Ctrl+I 组合键，弹出"导入"对话框，选择本书学习资源中的"Ch07 > 素材 > 制作商场广告 >02"文件，单击"导入"按钮，在页面中单击导入图片，效果如图 7-11 所示。

图 7-9   图 7-10   图 7-11

（5）选择"位图 > 模糊 > 高斯式模糊"命令，在弹出的对话框中进行设置，如图 7-12 所示，单击"确定"按钮，效果如图 7-13 所示。

图 7-12　　　　　　　　　　　　　　图 7-13

（6）双击"矩形"工具□，绘制一个与页面大小相等的矩形，如图 7-14 所示。按 Shift+PageUp 组合键，将矩形置于图层的前面，效果如图 7-15 所示。

图 7-14　　　　　　　图 7-15

（7）选择"选择"工具▶，按住 Shift 键的同时，将两个图片同时选取，如图 7-16 所示。选择"对象 > PowerClip > 置于图文框内部"命令，鼠标光标变为黑色箭头形状，在矩形上单击，如图 7-17 所示，将图片置入矩形中，并去除图形的轮廓线，效果如图 7-18 所示。

图 7-16　　　　　　图 7-17　　　　　　图 7-18

（8）选择"文本"工具**字**，在页面中分别输入需要的文字，选择"选择"工具 **▶**，在属性栏中选取适当的字体并设置文字大小，设置文字颜色的 CMYK 值为 0、0、100、0，填充文字，效果如图 7-19 所示。按住 Shift 键的同时，将需要的文字同时选取，设置文字颜色的 CMYK 值为 100、0、0、0，填充文字，效果如图 7-20 所示。

图 7-19　　　　　　　　　　　　　　图 7-20

（9）选择"选择"工具 **▶**，选取需要的文字。按 Ctrl+T 组合键，弹出"文本属性"面板，选项的设置如图 7-21 所示，按 Enter 键，文字效果如图 7-22 所示。

图 7-21　　　　　　　　　　　　　　图 7-22

（10）选取右侧的文字。在"文本属性"面板中，选项的设置如图 7-23 所示，按 Enter 键，并将其拖曳到适当的位置，文字效果如图 7-24 所示。

图 7-23　　　　　　　　　　　　　　图 7-24

（11）选择"矩形"工具☐，在适当的位置绘制矩形，设置图形填充颜色的 CMYK 值为 100、0、0、0，填充图形，并去除图形的轮廓线，如图 7-25 所示。用相同的方法再次绘制矩形，设置图形填充颜色的 CMYK 值为 0、100、0、0，填充图形，并去除图形的轮廓线，如图 7-26 所示。选择"选择"工具▸，按数字键盘上的+键，复制矩形，并将其拖曳到适当的位置，效果如图 7-27 所示。

图 7-25　　　　　　　　　图 7-26　　　　　　　　　图 7-27

（12）选择"矩形"工具☐，在页面中绘制矩形，设置图形填充颜色的 CMYK 值为 0、0、100、0，填充图形，并去除图形的轮廓线，如图 7-28 所示。

（13）选择"选择"工具▸，按住 Shift 键的同时，将 3 个矩形同时选取，如图 7-29 所示。选择"对象 > PowerClip > 置于图文框内部"命令，鼠标光标变为黑色箭头形状，在前方的黄色矩形上单击，选取的矩形置入前方的矩形中，效果如图 7-30 所示。

图 7-28　　　　　　　　　图 7-29　　　　　　　　　图 7-30

（14）按 Ctrl+I 组合键，弹出"导入"对话框，选择本书学习资源中的"Ch07 > 素材 > 制作商场广告 > 03"文件，单击"导入"按钮，在页面中单击导入图片，选择"选择"工具▸，并将其拖曳到适当的位置，效果如图 7-31 所示。

（15）选择"矩形"工具☐，在页面中绘制矩形，设置图形填充颜色的 CMYK 值为 0、100、0、0，填充图形，并去除图形的轮廓线，如图 7-32 所示。选择"文本"工具字，在页面中输入需要的文字，选择"选择"工具▸，在属性栏中选取适当的字体并设置文字大小，填充文字为白色，效果如图 7-33 所示。

图 7-31　　　　　　　　　图 7-32　　　　　　　　　图 7-33

（16）保持文字的选取状态。在"文本属性"面板中，选项的设置如图 7-34 所示，文字效果如图 7-35 所示。

图 7-34　　　　　　　　　　　图 7-35

（17）选择"选择"工具 ，按住 Shift 键的同时，将矩形和文字同时选取，如图 7-36 所示。单击属性栏中的"移除前面对象"按钮 ，效果如图 7-37 所示。商场广告制作完成，效果如图 7-38 所示。

图 7-36　　　　　　　　图 7-37　　　　　　　　图 7-38

7.2.2　三维效果

选取导入的位图，选择"位图 > 三维效果"子菜单下的命令，如图 7-39 所示，CorelDRAW X8 提供了 7 种不同的三维效果。下面介绍几种常用的三维效果。

图 7-39

1. 三维旋转

选择"位图 > 三维效果 > 三维旋转"命令，弹出"三维旋转"对话框，单击对话框中的 按钮，显示对照预览窗口，如图 7-40 所示，左窗口显示的是位图原始效果，右窗口显示的是完成各项设置后的位图效果。

对话框中各选项的含义如下。

：用鼠标拖曳立方体图标，可以设定图像的旋转角度。

垂直：可以设置绕垂直轴旋转的角度。

水平：可以设置绕水平轴旋转的角度。

最适合：经过三维旋转后的位图尺寸将接近原来的位图尺寸。

：预览设置后的三维旋转效果。

重置：对所有参数重新设置。

2. 柱面

选择"位图 > 三维效果 > 柱面"命令，弹出"柱面"对话框，单击对话框中的 ▣ 按钮，显示对照预览窗口，如图 7-41 所示。

对话框中各选项的含义如下。

柱面模式：可以选择"水平"或"垂直的"模式。

百分比：可以设置水平或垂直的模式的百分比。

图 7-40

图 7-41

3. 卷页

选择"位图 > 三维效果 > 卷页"命令，弹出"卷页"对话框，单击对话框中的 ▣ 按钮，显示对照预览窗口，如图 7-42 所示。

对话框中各选项的含义如下。

▦▦：4 个卷页类型按钮，可以设置位图卷起页角的位置。

定向：选择"垂直的"或"水平"选项，可以设置卷页效果的卷起边缘。

纸张："不透明"和"透明的"两个单选项可以设置卷页部分是否透明。

卷曲：可以设置卷页的颜色。

背景：可以设置卷页后面的背景颜色。

宽度：可以设置卷页的宽度。

高度：可以设置卷页的高度。

4. 球面

选择"位图 > 三维效果 > 球面"命令，弹出"球面"对话框，单击对话框中的 ▣ 按钮，显示对照预览窗口，如图 7-43 所示。

对话框中各选项的含义如下。

优化：可以选择"速度"或"质量"选项。

百分比：可以控制位图球面化的程度。

⊡：用来在预览窗口中设定变形的中心点。

图 7-42   图 7-43

7.2.3 艺术笔触

选中位图，选择"位图 > 艺术笔触"子菜单下的命令，如图 7-44 所示，CorelDRAW X8 提供了 14 种不同的艺术笔触效果。下面介绍常用的几种艺术笔触。

1. 炭笔画

选择"位图 > 艺术笔触 > 炭笔画"命令，弹出"炭笔画"对话框，单击对话框中的 回 按钮，显示对照预览窗口，如图 7-45 所示。

对话框中各选项的含义如下。

大小：可以设置位图炭笔画的像素大小。

边缘：可以设置位图炭笔画的黑白度。

2. 印象派

选择"位图 > 艺术笔触 > 印象派"命令，弹出"印象派"对话框，单击对话框中的 回 按钮，显示对照预览窗口，如图 7-46 所示。

图 7-44

图 7-45   图 7-46

对话框中各选项的含义如下。

样式：可选择"笔触"或"色块"选项，不同的样式会产生不同的印象派位图效果。

笔触：可以设置印象派效果笔触大小及其强度。

着色：可以调整印象派效果的颜色，数值越大，颜色越重。

亮度：可以对印象派效果的亮度进行调节。

3. 调色刀

选择"位图 > 艺术笔触 > 调色刀"命令，弹出"调色刀"对话框，单击对话框中的 回 按钮，显示对照预览窗口，如图 7-47 所示。

对话框中各选项的含义如下。

刀片尺寸：可以设置笔触的锋利程度，数值越小，笔触越锋利，位图的刻画效果越明显。

柔软边缘：可以设置笔触的坚硬程度，数值越大，位图的刻画效果越平滑。

角度：可以设置笔触的角度。

4. 素描

选择"位图 > 艺术笔触 > 素描"命令，弹出"素描"对话框，单击对话框中的 回 按钮，显示对照预览窗口，如图 7-48 所示。

对话框中各选项的含义如下。

铅笔类型：可选择"碳色"或"颜色"类型，不同的类型可以产生不同的位图素描效果。

样式：可以设置石墨或彩色素描效果的平滑度。

笔芯：可以设置素描效果的精细和粗糙程度。

轮廓：可以设置素描效果的轮廓线宽度。

图 7-47

图 7-48

7.2.4 模糊

选中一张图片，选择"位图 > 模糊"子菜单下的命令，如图 7-49 所示，CorelDRAW X8 提供了 10 种不同的模糊效果。下面介绍其中两种常用的模糊效果。

1. 高斯式模糊

选择"位图 > 模糊 > 高斯式模糊"命令，弹出"高斯式模糊"对话框，单击对话框中的 回 按钮，显示对照预览窗口，如图 7-50 所示。

图 7-49

193

对话框中选项的含义如下。

半径：可以设置高斯式模糊的程度。

2. 缩放

选择"位图 > 模糊 > 缩放"命令，弹出"缩放"对话框，单击对话框中的▣按钮，显示对照预览窗口，如图 7-51 所示。

对话框中各选项的含义如下。

⬆：在左边的原始图像预览框中单击鼠标左键，可以确定缩放模糊的中心点。

数量：可以设定图像的模糊程度。

图 7-50

图 7-51

7.2.5 轮廓图

选中位图，选择"位图 > 轮廓图"子菜单下的命令，如图 7-52 所示，CorelDRAW X8 提供了 3 种不同的轮廓图效果。下面介绍其中两种常用的轮廓图效果。

图 7-52

1. 边缘检测

选择"位图 > 轮廓图 > 边缘检测"命令，弹出"边缘检测"对话框，单击对话框中的▣按钮，显示对照预览窗口，如图 7-53 所示。

对话框中各选项的含义如下。

背景色：用来设定图像的背景颜色为白色、黑色或其他颜色。

✏：可以在位图中吸取背景色。

灵敏度：用来设定探测边缘的灵敏度。

2. 查找边缘

选择"位图 > 轮廓图 > 查找边缘"命令，弹出"查找边缘"对话框，单击对话框中的▣按钮，显示对照预览窗口，如图 7-54 所示。

对话框中各选项的含义如下。

边缘类型：有"软"和"纯色"两种类型，选择不同的类型，会得到不同的效果。

层次：可以设定效果的纯度。

图 7-53

图 7-54

7.2.6 创造性

选中位图，选择"位图 > 创造性"子菜单下的命令，如图 7-55 所示，CorelDRAW X8 提供了 14 种不同的创造性效果。下面介绍其中 4 种常用的创造性效果。

1. 框架

选择"位图 > 创造性 > 框架"命令，弹出"框架"对话框，单击"修改"选项卡，单击对话框中的 按钮，显示对照预览窗口，如图 7-56 所示。

对话框中各选项的含义如下。

"选择"选项卡：用来选择框架，并为选取的列表添加新框架。

"修改"选项卡：用来对框架进行修改，此选项卡中各选项的含义如下。

颜色、不透明：分别用来设定框架的颜色和不透明度。

模糊/羽化：用来设定框架边缘的模糊及羽化程度。

图 7-55

调和：用来选择框架与图像之间的混合方式。

水平、垂直：用来设定框架的大小比例。

旋转：用来设定框架的旋转角度。

翻转：用来将框架垂直或水平翻转。

对齐：用来在图像窗口中设定框架效果的中心点。

回到中心位置：用来在图像窗口中重新设定中心点。

2. 马赛克

选择"位图 > 创造性 > 马赛克"命令，弹出"马赛克"对话框，单击对话框中的 按钮，显示对照预览窗口，如图 7-57 所示。

对话框中各选项的含义如下。

大小：设置马赛克显示的大小。

背景色：设置马赛克的背景颜色。

虚光：为马赛克图像添加模糊的羽化框架。

图 7-56   图 7-57

3. 彩色玻璃

选择"位图 > 创造性 > 彩色玻璃"命令，弹出"彩色玻璃"对话框，单击对话框中的 ▣ 按钮，显示对照预览窗口，如图 7-58 所示。

对话框中各选项的含义如下。

大小：设定彩色玻璃块的大小。

光源强度：设定彩色玻璃的光源的强度。强度越小，显示越暗；强度越大，显示越亮。

焊接宽度：设定玻璃块焊接处的宽度。

焊接颜色：设定玻璃块焊接处的颜色。

三维照明：显示彩色玻璃图像的三维照明效果。

4. 虚光

选择"位图 > 创造性 > 虚光"命令，弹出"虚光"对话框，单击对话框中的 ▣ 按钮，显示对照预览窗口，如图 7-59 所示。

对话框中各选项的含义如下。

颜色：设定光照的颜色。

形状：设定光照的形状。

偏移：设定框架的大小。

褪色：设定图像与虚光框架的混合程度。

图 7-58   图 7-59

7.2.7　扭曲

选中位图，选择"位图 > 扭曲"子菜单下的命令，如图 7-60 所示，CorelDRAW X8 提供了 11 种不同的扭曲效果。下面介绍几种常用的扭曲效果。

1. 块状

选择"位图 > 扭曲 > 块状"命令，弹出"块状"对话框，单击对话框中的▣按钮，显示对照预览窗口，如图 7-61 所示。

对话框中各选项的含义如下。

未定义区域：在其下拉列表中可以设定背景部分的颜色。

块宽度、块高度：设定块状图像的尺寸大小。

最大偏移：设定块状图像的打散程度。

2. 置换

选择"位图 > 扭曲 > 置换"命令，弹出"置换"对话框，单击对话框中的▣按钮，显示对照预览窗口，如图 7-62 所示。

对话框中各选项的含义如下。

缩放模式：可以选择"平铺"或"伸展适合"两种模式。

▨：可以选择置换的图形。

图 7-60

图 7-61

图 7-62

3. 像素

选择"位图 > 扭曲 > 像素"命令，弹出"像素"对话框，单击对话框中的▣按钮，显示对照预览窗口，如图 7-63 所示。

对话框中各选项的含义如下。

像素化模式：当选择"射线"模式时，可以在预览窗口中设定像素化的中心点。

宽度、高度：设定像素色块的大小。

不透明：设定像素色块的不透明度，数值越小，色块就越透明。

4. 龟纹

选择"位图 > 扭曲 > 龟纹"命令，弹出"龟纹"对话框，单击对话框中的▣按钮，显示对照预览窗口，如图 7-64 所示。

对话框中选项的含义如下。

周期、振幅：默认的波纹是与图像的顶端和底端平行的。拖曳滑块，可以设定波纹的周期和振幅，在右边可以看到波纹的形状。

图 7-63

图 7-64

课堂练习——制作南瓜派对门票

【练习知识要点】使用调整命令调整素材图片的颜色，使用文本工具添加宣传语，效果如图 7-65 所示。

【效果所在位置】Ch07\效果\制作南瓜派对门票.cdr。

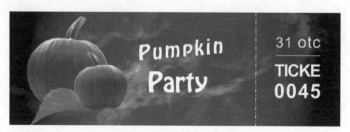
图 7-65

课后习题——制作圣诞卡

【习题知识要点】使用矩形工具、渐变命令、天气命令和转化为位图命令制作圣诞卡背景，使用矩形工具和贝塞尔工具绘制圣诞树，使用两点线工具和星形工具绘制装饰图形，使用文字工具添加祝福文字，效果如图 7-66 所示。

【效果所在位置】Ch07\效果\制作圣诞卡.cdr。

图 7-66

第**8**章 应用特殊效果

本章介绍

CorelDRAW X8 提供了多种特殊效果工具和命令，通过应用这些工具和命令，可以制作出丰富的图形特效。
通过学习本章内容，读者可以了解并掌握如何应用强大的特殊效果功能制作出丰富多彩的图形特效。

学习目标

- 掌握创建 PowerClip 对象的方法。
- 了解色调的调整技巧。
- 熟练掌握特殊效果的使用方法。

技能目标

- 掌握"网页服饰广告"的制作方法。
- 掌握"立体文字"的制作方法。
- 掌握"美食标签"的制作方法。
- 掌握"家电广告"的制作方法。

8.1 PowerClip 和色调的调整

在 CorelDRAW X8 中，使用 PowerClip 可以将一个对象内置于另外一个容器对象中。内置的对象可以是任意的，但容器对象必须是创建的封闭路径。使用色调调整命令可以调整图形。下面就具体讲解如何置入图形和调整图形的色调。

8.1.1 课堂案例——制作网页服饰广告

【案例学习目标】学习使用 PowerClip 命令和文本工具制作网页服饰广告。

【案例知识要点】使用矩形工具、阴影工具和 PowerClip 命令制作背景和宣传主体，使用文本工具、填充工具添加宣传文字，效果如图 8-1 所示。

【效果所在位置】Ch08\效果\制作网页服饰广告.cdr。

图 8-1

（1）按 Ctrl+N 组合键，弹出"创建新文档"对话框，设置文档的宽度为 1417 px，高度为 425 px，原色模式为 RGB，渲染分辨率为 72 dpi，单击"确定"按钮，新建一个文档。

（2）按 Ctrl+I 组合键，弹出"导入"对话框，选择本书学习资源中的"Ch08 > 素材 > 制作网页服饰广告 > 01、02"文件，单击"导入"按钮，在页面中分别单击导入图片，选择"选择"工具，分别拖曳图片到适当的位置并调整其大小，效果如图 8-2 所示。

图 8-2

（3）选择"选择"工具，选取人物图片，选择"阴影"工具，在人物图片中从上向下拖曳光标，添加阴影效果，在属性栏中的设置如图 8-3 所示，按 Enter 键，效果如图 8-4 所示。

图 8-3   图 8-4

（4）双击"矩形"工具▢，绘制一个与页面大小相等的矩形，按 Shift+PageUp 组合键，将其置于图层前面，如图 8-5 所示。选择"选择"工具▶，按住 Shift 键的同时，选取下方图片，如图 8-6 所示。

图 8-5

图 8-6

（5）选择"对象 > PowerClip > 置于图文框内部"命令，鼠标光标变为黑色箭头形状，在矩形上单击鼠标左键，如图 8-7 所示，将图片置入矩形中，并去除图形的轮廓线，效果如图 8-8 所示。

图 8-7

图 8-8

（6）选择"文本"工具 **字**，在页面中分别输入需要的文字，选择"选择"工具 **↖**，在属性栏中分别选取适当的字体并设置文字大小，效果如图 8-9 所示。

图 8-9

（7）选取需要的文字，设置文字颜色的 RGB 值为 135、30、47，填充文字，效果如图 8-10 所示。按住 Shift 键的同时，选取需要的文字，设置文字颜色的 RGB 值为 199、73、111，填充文字，效果如图 8-11 所示。

图 8-10　　　　　　　　　　　　　　　图 8-11

（8）选取需要的文字，填充文字为白色，效果如图 8-12 所示。选择"矩形"工具 **□**，在适当的位置绘制一个矩形，如图 8-13 所示。设置图形颜色的 RGB 值为 199、73、111，填充图形，并去除图形的轮廓线，效果如图 8-14 所示。

图 8-12　　　　　　　图 8-13　　　　　　　图 8-14

（9）按 Ctrl+PageDown 组合键，使图形向后一层，效果如图 8-15 所示。网页服饰广告制作完成，效果如图 8-16 所示。

图 8-15　　　　　　　　　　　图 8-16

8.1.2 PowerClip 效果

在 CorelDRAW X8 中，使用 PowerClip 可以将一个对象内置于另外一个容器对象中。内置的对象可以是任意的，但容器对象必须是创建的封闭路径。

打开一张图片，再绘制一个图形作为容器对象，使用"选择"工具 ![箭头] 选中要用来内置的图片，效果如图 8-17 所示。选择"对象 > PowerClip > 置于图文框内部"命令，鼠标的光标变为黑色箭头，将箭头放在容器对象内，如图 8-18 所示。单击鼠标左键，完成的图框精确剪裁，效果如图 8-19 所示。内置图形的中心和容器对象的中心是重合的。

图 8-17 　　　　　　　　　　图 8-18 　　　　　　　　　　图 8-19

选择"对象 > PowerClip > 提取内容"命令，可以将容器对象内的内置位图提取出来。选择"对象 > PowerClip > 编辑 PowerClip"命令，可以修改内置对象。选择"对象 > PowerClip > 结束编辑"命令，完成内置位图的重新选择。选择"对象 > PowerClip > 复制 PowerClip 自"命令，鼠标的光标变为黑色箭头，将箭头放在图框精确剪裁对象上并单击，可复制内置对象。

8.1.3 调整亮度、对比度和强度

打开一个图形，如图 8-20 所示。选择"效果 > 调整 > 亮度/对比度/强度"命令，或按 Ctrl+B 组合键，弹出"亮度/对比度/强度"对话框，用鼠标拖曳滑块可以设置各项的数值，如图 8-21 所示。调整好后，单击"确定"按钮，图形色调的调整效果如图 8-22 所示。

图 8-20 　　　　　　　　　　图 8-21 　　　　　　　　　　图 8-22

"亮度"选项：可以调整图形颜色的深浅变化，也就是增加或减少所有像素值的色调范围。

"对比度"选项：可以调整图形颜色的对比，也就是调整最浅和最深像素值之间的差。

"强度"选项：可以调整图形浅色区域的亮度，同时不降低深色区域的亮度。

　预览　：可以预览色调的调整效果。

　重置　：可以重新调整色调。

8.1.4　调整颜色通道

打开一个图形，效果如图 8-23 所示。选择"效果 > 调整 > 颜色平衡"命令，或按 Ctrl+Shift+B 组合键，弹出"颜色平衡"对话框，用鼠标拖曳滑块可以设置各选项的数值，如图 8-24 所示。调整好后，单击"确定"按钮，图形色调的调整效果如图 8-25 所示。

图 8-23　　　　　　　　　　　图 8-24　　　　　　　　　　　图 8-25

在对话框的"范围"设置区中有 4 个复选框，可以共同或分别设置对象的颜色调整范围。

"阴影"复选框：可以对图形阴影区域的颜色进行调整。

"中间色调"复选框：可以对图形中间色调的颜色进行调整。

"高光"复选框：可以对图形高光区域的颜色进行调整。

"保持亮度"复选框：可以在对图形进行颜色调整的同时保持图形的亮度。

"青--红"选项：可以在图形中添加青色和红色。向右移动滑块将添加红色，向左移动滑块将添加青色。

"品红--绿"选项：可以在图形中添加品红色和绿色。向右移动滑块将添加绿色，向左移动滑块将添加品红色。

"黄--蓝"选项：可以在图形中添加黄色和蓝色。向右移动滑块将添加蓝色，向左移动滑块将添加黄色。

8.1.5　调整色度、饱和度和亮度

打开一个要调整色调的图形，如图 8-26 所示。选择"效果 > 调整 > 色度/饱和度/亮度"命令，或按 Ctrl+Shift+U 组合键，弹出"色度/饱和度/亮度"对话框，用鼠标拖曳滑块可以设置其数值，如图 8-27 所示。调整好后，单击"确定"按钮，图形色调的调整效果如图 8-28 所示。

图 8-26　　　　　　　　　　　图 8-27　　　　　　　　　　　图 8-28

"通道"选项组：可以选择要调整的主要颜色。

"色度"选项：可以改变图形的颜色。

"饱和度"选项：可以改变图形颜色的深浅程度。

"亮度"选项：可以改变图形的明暗程度。

8.2 特殊效果

在 CorelDRAW X8 中应用特殊效果和命令可以制作出丰富的图形特效。下面具体介绍几种常用的特殊效果和命令。

8.2.1 课堂案例——制作立体文字

【案例学习目标】学习使用文本工具和特殊效果命令制作立体文字。

【案例知识要点】使用矩形工具和 PowerClip 命令制作背景效果，使用文本工具、轮廓图工具、透明度工具和立体化工具制作立体文字，效果如图 8-29 所示。

【效果所在位置】Ch08\效果\制作立体文字.cdr。

图 8-29

（1）按 Ctrl+N 组合键，新建一个 A4 页面。单击属性栏中的"横向"按钮□，横向显示页面。按 Ctrl+I 组合键，弹出"导入"对话框，打开本书学习资源中的"Ch08 > 素材 > 制作立体文字 > 01"文件，单击"导入"按钮，在页面中单击导入图片，选择"选择"工具 ，将其拖曳到适当的位置并调整大小，效果如图 8-30 所示。

（2）按 Ctrl+I 组合键，弹出"导入"对话框，打开本书学习资源中的"Ch08 > 素材 > 制作立体文字 > 02"文件，单击"导入"按钮，在页面中单击导入图片，选择"选择"工具 ，将其拖曳到适当的位置并调整其大小，效果如图 8-31 所示。

图 8-30   图 8-31

（3）双击"矩形"工具□，绘制一个与页面大小相等的矩形，如图 8-32 所示。按 Shift+PageUp 组合键，将矩形置于图层前面，如图 8-33 所示。

图 8-32

图 8-33

（4）选择"选择"工具 ，按住 Shift 键的同时，将需要的图片同时选取。选择"对象 > PowerClip > 置于图文框内部"命令，鼠标的光标变为黑色箭头，将箭头放在矩形上单击，图像被置入矩形中，并去除图形的轮廓线，效果如图 8-34 所示。

（5）选择"文本"工具 字，在页面中输入需要的文字，选择"选择"工具 ，在属性栏中选取适当的字体并设置文字大小，如图 8-35 所示。

图 8-34

图 8-35

（6）选择"形状"工具 ，按住 Shift 键的同时，依次单击将需要的文字的节点同时选取，如图 8-36 所示。按 F11 键，弹出"编辑填充"对话框，选择"渐变填充"按钮 ，在"位置"选项中分别添加并输入 0、50、100 这 3 个位置点，分别设置这 3 个位置点颜色的 CMYK 值为 0（0、20、100、0）、50（0、10、100、0）、100（0、0、10、0），其他选项的设置如图 8-37 所示。单击"确定"按钮，填充文字，效果如图 8-38 所示。选择"形状"工具 ，选取文字"惠"的节点，如图 8-39 所示。

图 8-36

图 8-37

图 8-38 图 8-39

（7）按 F11 键，弹出"编辑填充"对话框，选择"渐变填充"按钮■，在"位置"选项中分别添加并输入 0、50、100 这 3 个位置点，分别设置这 3 个位置点颜色的 CMYK 值为 0（0、100、100、40）、50（0、100、100、0）、100（0、100、100、40），其他选项的设置如图 8-40 所示。单击"确定"按钮，填充文字，效果如图 8-41 所示。

图 8-40 图 8-41

（8）选择"选择"工具▶，选取文字。选择"轮廓图"工具■，在属性栏中单击"外部轮廓"按钮■，其他选项的设置如图 8-42 所示，按 Enter 键，效果如图 8-43 所示。

图 8-42 图 8-43

（9）选择"对象 > 拆分轮廓图群组"命令，拆分文字，如图 8-44 所示。选择"选择"工具▶，选取需要的文字，如图 8-45 所示。

图 8-44 图 8-45

（10）选择"阴影"工具■，在文字上从上向下拖曳光标，添加阴影效果，在属性栏中的设置如图 8-46 所示，按 Enter 键，效果如图 8-47 所示。

（11）选择"选择"工具▶，选取文字后方的渐变图形。按 F11 键，弹出"编辑填充"对话框，选择"渐变填充"按钮■，在"位置"选项中分别添加并输入 0、50、100 这 3 个位置点，分别设置这 3 个位置点颜色的 CMYK 值为 0（42、64、100、10）、50（0、10、100、0）、100（9、27、95、0），其他选项的设置如图 8-48 所示。单击"确定"按钮，填充图形，效果如图 8-49 所示。

图 8-46　　　　　　　　　　图 8-47

图 8-48　　　　　　　　　　图 8-49

（12）保持图形的选取状态。选择"立体化"工具 ，在属性栏的"预设列表"中选择"立体右下"选项，如图 8-50 所示。单击"立体化颜色"按钮 ，在弹出的面板中单击"使用递减的颜色"按钮 ，将"从"选项颜色的 CMYK 值设置为 60、80、100、44，"到"选项的颜色设为黑色，如图 8-51 所示，其他选项的设置如图 8-52 所示，按 Enter 键，效果如图 8-53 所示。用相同的方法制作其他文字，效果如图 8-54 所示。

图 8-50　　　　图 8-51　　　　　　　图 8-52

图 8-53　　　　　　　　　　图 8-54

（13）选择"文本"工具 字，在页面中输入需要的文字，选择"选择"工具 ，在属性栏中选取适当的字体并设置文字大小，设置文字颜色的 CMYK 值为 100、0、100、60，填充文字，效果如图 8-55 所示。

（14）按 Alt+Enter 组合键，弹出"对象属性"泊坞窗，单击"段落"按钮 ，弹出相应的泊坞窗，选项的设置如图 8-56 所示，按 Enter 键，文字效果如图 8-57 所示。

图 8-55　　　　　　　　　　　　　　图 8-56　　　　　　　　　　　　　　图 8-57

（15）选择"选择"工具 ，选取文字。选择"轮廓图"工具 ，在属性栏中单击"外部轮廓"
按钮 ，将"填充色"选项的 CMYK 值设置为 0、20、100、0，其他选项的设置如图 8-58 所示，按
Enter 键，效果如图 8-59 所示。

图 8-58　　　　　　　　　　　　　　　　　图 8-59

（16）选择"对象 > 拆分轮廓图群组"命令，拆分文字，如图 8-60 所示。选择"选择"工具 ，
选取文字后方的图形，如图 8-61 所示。

图 8-60　　　　　　　　　　　　　　　图 8-61

（17）按 F11 键，弹出"编辑填充"对话框，选择"渐变填充"按钮 ，将"起点"颜色的 CMYK
值设置为 0、0、0、0，"终点"颜色的 CMYK 值设置为 0、20、100、0，其他选项的设置如图 8-62 所
示。单击"确定"按钮，填充图形，效果如图 8-63 所示。

图 8-62　　　　　　　　　　　　　　　　图 8-63

（18）选择"选择"工具 ，将文字分别拖曳到适当的位置，效果如图 8-64 所示。选取需要的文字，如图 8-65 所示。选择"对象 > 拆分阴影群组"命令，拆分阴影，效果如图 8-66 所示。选取上方的文字，选择"对象 > 拆分美术字"命令，拆分美术字，效果如图 8-67 所示。

图 8-64　　　　　　　　　　　　　　图 8-65

图 8-66　　　　　　　　　　　　　　图 8-67

（19）选择"选择"工具 ，按住 Shift 键的同时，将需要的文字同时选取，如图 8-68 所示。选择"对象 > 转换为曲线"命令，将文字转换为曲线，效果如图 8-69 所示。

图 8-68　　　　　　　　　　　　　　图 8-69

（20）选择"椭圆形"工具 ，在适当的位置绘制椭圆形，设置图形颜色的 CMYK 值为 0、20、100、0，填充图形，并去除图形的轮廓线，效果如图 8-70 所示。选择"透明度"工具 ，在属性栏中单击"均匀透明度"按钮 ，其他选项的设置如图 8-71 所示，按 Enter 键，效果如图 8-72 所示。

图 8-70　　　　　　　图 8-71　　　　　　　图 8-72

（21）选择"选择"工具 ，选取图形，如图 8-73 所示。选择"对象 > PowerClip > 置于图文框内部"命令，鼠标的光标变为黑色箭头，将箭头放在文字上单击，如图 8-74 所示，图形被置入文字中，效果如图 8-75 所示。

图 8-73　　　　　　　图 8-74　　　　　　　图 8-75

（22）用相同的方法制作其他文字，效果如图 8-76 所示。选择"椭圆形"工具 ⬭，在适当的位置绘制椭圆形，设置图形颜色的 CMYK 值为 0、20、100、0，填充图形，并去除图形的轮廓线，效果如图 8-77 所示。

图 8-76　　　　　　　　　　　　图 8-77

（23）选择"透明度"工具 ▨，在图形上从上向下拖曳光标，选取上方的节点，在右侧的"节点透明度"框 ▨ 100 ＋ %中设置数值为 100，选取下方的节点，在右侧的"节点透明度"框 ▨ 0 ＋ %中设置数值为 0，在属性栏中选项的设置如图 8-78 所示，按 Enter 键，效果如图 8-79 所示。

（24）选择"选择"工具 ▶，选取图形，如图 8-80 所示。选择"对象 > PowerClip > 置于图文框内部"命令，鼠标的光标变为黑色箭头，将箭头放在文字上单击，图形被置入文字中，如图 8-81 所示。

图 8-78　　　　　　图 8-79　　　　　　图 8-80　　　　　　图 8-81

（25）选择"选择"工具 ▶，用圈选的方法将需要的图形同时选取，按 Ctrl+G 组合键，组合图形，如图 8-82 所示。将其拖曳到适当的位置，立体文字制作完成，效果如图 8-83 所示。

图 8-82　　　　　　　　　　　　图 8-83

8.2.2　制作透视效果

在设计和制作图形的过程中，经常会使用到透视效果。下面介绍如何在 CorelDRAW X8 中制作透视效果。

打开要制作透视效果的图形，使用"选择"工具 将图形选中，效果如图 8-84 所示。选择"效果 > 添加透视"命令，在图形的周围出现控制线和控制点，如图 8-85 所示。用鼠标光标拖曳控制点，制作需要的透视效果，在拖曳控制点时出现了透视点×，如图 8-86 所示。用鼠标光标可以拖曳透视点×，同时可以改变透视效果，如图 8-87 所示。制作好透视效果后，按空格键，确定完成的效果。

图 8-84　　　　　图 8-85　　　　　图 8-86　　　　　图 8-87

要修改已经制作好的透视效果，需双击图形，再对已有的透视效果进行调整即可。选择"效果 > 清除透视点"命令，可以清除透视效果。

8.2.3　制作立体效果

立体化效果是利用三维空间的立体旋转和光源照射的功能来完成的。CorelDRAW X8 中的"立体化"工具 可以制作和编辑图形的三维效果。

绘制一个需要立体化的图形，如图 8-88 所示。选择"立体化"工具 ，在图形上按住鼠标左键并向图形右下方拖曳，如图 8-89 所示，达到需要的立体效果后，松开鼠标左键，图形的立体化效果如图 8-90 所示。

图 8-88　　　　　　　图 8-89　　　　　　　图 8-90

"立体化"工具 的属性栏如图 8-91 所示。各选项的含义如下。

图 8-91

"立体化类型" [图标] 选项：单击选项后的三角形弹出下拉列表，分别选择可以出现不同的立体化效果。

"深度" [图标] 选项：可以设置图形立体化的深度。

"灭点属性" [灭点锁定到对象] 选项：可以设置灭点的属性。

"页面或对象灭点"按钮[图标]：可以将灭点锁定到页面上，在移动图形时灭点不能移动，且立体化的图形形状会改变。

"立体化旋转"按钮[图标]：单击此按钮，弹出旋转设置框，光标放在三维旋转设置区内会变为手形，拖曳鼠标可以在三维旋转设置区中旋转图形，页面中的立体化图形会进行相应的旋转。单击[图标]按钮，设置区中出现"旋转值"数值框，可以精确地设置立体化图形的旋转数值。单击[图标]按钮，恢复到设置区的默认设置。

"立体化颜色"按钮[图标]：单击此按钮，弹出立体化图形的"颜色"设置区。在颜色设置区中有 3 种颜色设置模式，分别是"使用对象填充"模式[图标]、"使用纯色"模式[图标]和"使用递减的颜色"模式[图标]。

"立体化倾斜"按钮[图标]：单击此按钮，弹出"斜角修饰"设置区，通过拖曳面板中图例的节点来添加斜角效果，也可以在增量框中输入数值来设定斜角。勾选"只显示斜角修饰边"复选框，将只显示立体化图形的斜角修饰边。

"立体化照明"按钮[图标]：单击此按钮，弹出照明设置区，在设置区中可以为立体化图形添加光源。

8.2.4　使用调和效果

"调和"工具是 CorelDRAW X8 中应用最广泛的工具之一。制作出的调和效果可以在绘图对象间产生形状、颜色的平滑变化。下面具体讲解调和效果的使用方法。

打开两个要制作调和效果的图形，如图 8-92 所示。选择"调和"工具[图标]，将鼠标的光标放在左边的图形上，鼠标的光标变为[图标]，按住鼠标左键并拖曳鼠标到右边的图形上，如图 8-93 所示。松开鼠标，两个图形的调和效果如图 8-94 所示。

图 8-92　　　　　　　　　　图 8-93　　　　　　　　　　图 8-94

"调和"工具[图标]的属性栏如图 8-95 所示。各选项的含义如下。

图 8-95

"调和步长"选项[图标] 20：可以设置调和的步数，效果如图 8-96 所示。

"调和方向"[图标] .0：可以设置调和的旋转角度，效果如图 8-97 所示。

图 8-96   图 8-97

"环绕调和" ：调和的图形除了自身旋转外，同时将以起点图形和终点图形的中间位置为旋转中心做旋转分布，如图 8-98 所示。

"直接调和" 、"顺时针调和" 、"逆时针调和" ：设定调和对象之间颜色过渡的方向，效果如图 8-99 所示。

a.顺时针调和   b.逆时针调和

图 8-98   图 8-99

"对象和颜色加速" ：调整对象和颜色的加速属性。单击此按钮，弹出如图 8-100 所示的对话框，拖曳滑块到需要的位置，对象加速调和效果如图 8-101 所示，颜色加速调和效果如图 8-102 所示。

图 8-100   图 8-101   图 8-102

"调整加速大小" ：可以控制调和的加速属性。

"起始和结束属性" ：可以显示或重新设定调和的起始及终止对象。

"路径属性" ：使调和对象沿绘制好的路径分布。单击此按钮弹出如图 8-103 所示的菜单，选择"新路径"选项，鼠标的光标变为 ，在新绘制的路径上单击，如图 8-104 所示。沿路径进行调和的效果如图 8-105 所示。

图 8-103   图 8-104   图 8-105

"更多调和选项" ：可以进行更多的调和设置。单击此按钮弹出如图 8-106 所示的菜单。"映射节点" 按钮，可指定起始对象的某一节点与终止对象的某一节点对应，以产生特殊的调和效果。"拆分" 按钮，可将过渡对象分割成独立的对象，并可与其他对象进行再次调和。勾选 "沿全路径调和" 复选框，可以使调和对象自动充满整个路径。勾选 "旋转全部对象" 复选框，可以使调和对象的方向与路径一致。

图 8-106

8.2.5 制作阴影效果

阴影效果是经常使用的一种特效，使用 "阴影" 工具可以快速给图形制作阴影效果，还可以设置阴影的透明度、角度、位置、颜色和羽化程度。下面介绍如何制作阴影效果。

打开一个图形，使用 "选择" 工具 ▶ 选取要制作阴影效果的图形，如图 8-107 所示。再选择 "阴影" 工具 ▣，将鼠标光标放在图形上，按住鼠标左键并向阴影投射的方向拖曳鼠标，如图 8-108 所示。到需要的位置后松开鼠标，阴影效果如图 8-109 所示。

图 8-107　　　　　图 8-108　　　　　图 8-109

拖曳阴影控制线上的 图标，可以调节阴影的透光程度。拖曳时越靠近 □ 图标，透光度越小，阴影越淡，效果如图 8-110 所示。拖曳时越靠近 ■ 图标，透光度越大，阴影越浓，效果如图 8-111 所示。

图 8-110　　　　　图 8-111

"阴影" 工具 ▣ 的属性栏如图 8-112 所示。各选项的含义如下。

"预设列表" 预设... ▼：选择需要的预设阴影效果。单击预设框后面的 ＋ 或 － 按钮，可以添加或删除预设框中的阴影效果。

"阴影偏移" 7.0 mm -5.0 mm、"阴影角度" 270：分别可以设置阴影的偏移位置和角度。

"阴影延展" 50、"阴影淡出" 0：分别可以调整阴影的长度和边缘的淡化程度。

"阴影的不透明" 50：可以设置阴影的不透明度。

"阴影羽化" 15：可以设置阴影的羽化程度。

"羽化方向" ：可以设置阴影的羽化方向。单击此按钮可弹出"羽化方向"设置区，如图 8-113 所示。

"羽化边缘" ：可以设置阴影的羽化边缘模式。单击此按钮可弹出"羽化边缘"设置区，如图 8-114 所示。

"阴影颜色" ■ ▼：可以改变阴影的颜色。

图 8-112

图 8-113

图 8-114

8.2.6 课堂案例——制作美食标签

【案例学习目标】学习使用贝塞尔工具和特殊效果命令制作美食标签。

【案例知识要点】使用贝塞尔工具、复制按钮、水平镜像按钮、合并按钮和连接两个节点按钮制作标签边框，使用矩形工具和渐变工具制作背景矩形，使用贝塞尔工具、复制命令和 PowerClip 命令制作标签，使用文本工具和轮廓图工具制作标签文字，效果如图 8-115 所示

【效果所在位置】Ch08\效果\制作美食标签.cdr。

图 8-115

（1）按 Ctrl+N 组合键，新建一个 A4 页面。单击属性栏中的"横向"按钮□，横向显示页面。选择"贝塞尔"工具 ，绘制一条曲线，如图 8-116 所示。

（2）选择"选择"工具 ，选取曲线，按数字键盘上的+键，复制曲线。单击属性栏中的"水平镜像"按钮 ，水平翻转曲线，效果如图 8-117 所示。拖曳到适当的位置，效果如图 8-118 所示。

图 8-116   图 8-117   图 8-118

（3）选择"选择"工具 ，用圈选的方法将两条曲线同时选取，如图 8-119 所示，单击属性栏中的"合并"按钮 ，合并曲线，如图 8-120 所示。

（4）选择"形状"工具 ，用圈选的方法将需要的节点同时选取，如图 8-121 所示，单击属性栏中的"连接两个节点"按钮 ，连接两个节点，如图 8-122 所示。用圈选的方法将下方的节点同时选取，单击属性栏中的"连接两个节点"按钮 ，连接两个节点，如图 8-123 所示。

图 8-119　　　　　　　　图 8-120

图 8-121　　　　　　图 8-122　　　　　　图 8-123

（5）选择"矩形"工具▢，在适当的位置绘制矩形，设置图形颜色的 CMYK 值为 2、7、44、0，填充图形，并去除图形的轮廓线，效果如图 8-124 所示。再绘制一个矩形，如图 8-125 所示。

图 8-124　　　　　　　图 8-125

（6）按 F11 键，弹出"编辑填充"对话框，选择"渐变填充"按钮▨，将"起点"颜色的 CMYK 值设置为 100、0、100、60，"终点"颜色的 CMYK 值设置为 31、0、50、0，将下方三角图标的"节点位置"选项设为 63%，其他选项的设置如图 8-126 所示。单击"确定"按钮，填充图形，并去除图形的轮廓线，效果如图 8-127 所示。

图 8-126

图 8-127

（7）选择"选择"工具 ⬚，选取矩形，按数字键盘上的+键，复制矩形。单击属性栏中的"水平镜像"按钮 ⬚，水平翻转矩形，效果如图 8-128 所示。拖曳到适当的位置，效果如图 8-129 所示。

图 8-128   图 8-129

（8）按 F11 键，弹出"编辑填充"对话框，选择"渐变填充"按钮 ⬛，将"起点"颜色的 CMYK 值设置为 0、100、60、30，"终点"颜色的 CMYK 值设置为 9、20、41、0，将下方三角图标的"节点位置"选项设为 55%，其他选项的设置如图 8-130 所示。单击"确定"按钮，填充图形，效果如图 8-131 所示。

图 8-130   图 8-131

（9）选择"贝塞尔"工具 ⬚，绘制一个图形，填充为白色，并去除图形的轮廓线，效果如图 8-132 所示。选择"透明度"工具 ⬚，在属性栏中单击"均匀透明度"按钮 ⬚，其他选项的设置如图 8-133 所示，按 Enter 键，效果如图 8-134 所示。选择"选择"工具 ⬚，按数字键盘上的+键，复制图形。再次单击图形，使其处于旋转状态，将旋转中心拖曳到适当的位置，效果如图 8-135 所示。

图 8-132   图 8-133

图 8-134   图 8-135

（10）在属性栏的"旋转角度" ○ 框中设置数值为 21.1，按 Enter 键，旋转图形，如图 8-136 所示。连续按 Ctrl+D 组合键，复制多个图形，效果如图 8-137 所示。

图 8-136   图 8-137

（11）选择"选择"工具，按住 Shift 键的同时，将需要的图形同时选取。按 Ctrl+G 组合键，群组图形，如图 8-138 所示。分别拖曳控制手柄，调整图形，效果如图 8-139 所示。

图 8-138   图 8-139

（12）按 Ctrl+I 组合键，弹出"导入"对话框，打开本书学习资源中的"Ch08 > 素材 > 制作美食标签 > 01"文件，单击"导入"按钮，在页面中单击导入图片，选择"选择"工具，将其拖曳到适当的位置并调整大小，效果如图 8-140 所示。

（13）选择"透明度"工具，在属性栏中单击"均匀透明度"按钮，其他选项的设置如图 8-141 所示，按 Enter 键，效果如图 8-142 所示。选择"选择"工具，按住 Shift 键的同时，将需要的图形同时选取，按 Shift+PageDown 组合键，将图形置于后面，效果如图 8-143 所示。

219

图 8-140   图 8-141

图 8-142   图 8-143

（14）保持图形的选取状态。选择"对象 > PowerClip > 置于图文框内部"命令，鼠标的光标变为黑色箭头，将箭头放在图形上单击，如图 8-144 所示，图像被置入图形中，并去除图形的轮廓线，效果如图 8-145 所示。

图 8-144   图 8-145

（15）选择"阴影"工具 ，在图形上从上向下拖曳光标，添加阴影效果，在属性栏中的设置如图 8-146 所示，按 Enter 键，效果如图 8-147 所示。

图 8-146   图 8-147

（16）选择"轮廓图"工具 回，在属性栏中单击"外部轮廓"按钮 回，将"填充色"选项的 CMYK 值设置为 0、40、80、0，其他选项的设置如图 8-148 所示，按 Enter 键，效果如图 8-149 所示。

图 8-148   图 8-149

（17）按 Ctrl+I 组合键，弹出"导入"对话框，打开本书学习资源中的"Ch08 > 素材 > 制作美食标签 > 02"文件，单击"导入"按钮，在页面中单击导入图片，选择"选择"工具 ，将其拖曳到适当的位置并调整大小，效果如图 8-150 所示。

（18）选择"文本"工具 字，在页面中分别输入需要的文字，选择"选择"工具 ，在属性栏中分别选取适当的字体并设置文字大小，设置文字颜色的 CMYK 值为 100、0、100、80，填充文字，效果如图 8-151 所示。

（19）选择"选择"工具 ，将文字拖曳到适当的位置并单击鼠标右键，复制文字。设置文字颜色的 CMYK 值为 0、100、100、20，填充文字，效果如图 8-152 所示。

图 8-150   图 8-151   图 8-152

（20）选择"选择"工具 ，选取后方的文字，选择"轮廓图"工具 回，在属性栏中单击"外部轮廓"按钮 回，将"填充色"选项的 CMYK 值设置为 100、0、100、80，其他选项的设置如图 8-153 所示，按 Enter 键，效果如图 8-154 所示。

图 8-153   图 8-154

（21）选择"选择"工具 ，选取前方的文字，选择"轮廓图"工具 回，在属性栏中单击"外部轮廓"按钮 回，将"填充色"选项的 CMYK 值设置为 0、0、40、0，其他选项的设置如图 8-155 所示，按 Enter 键，效果如图 8-156 所示。美食标签制作完成。

图 8-155   图 8-156

8.2.7   设置透明效果

使用"透明度"工具可以制作出如均匀、渐变、图案和底纹等许多漂亮的透明效果。

绘制并填充两个图形，选择"选择"工具，选择右侧的图形，如图 8-157 所示。选择"透明度"工具，在属性栏中可以选择一种透明类型，这里单击"均匀透明度"按钮，如图 8-158 所示。右侧图形的透明效果如图 8-159 所示。用"选择"工具将右侧的图形选中并拖放到左侧的图案上，效果如图 8-160 所示。

图 8-157   图 8-158

图 8-159   图 8-160

"透明度"工具的属性栏中各选项的含义如下。

、 常规 ：选择透明类型和透明样式。

"透明度" 70 ：拖曳滑块或直接输入数值，可以改变对象的透明度。

"透明度目标"选项 ：设置应用透明度到"填充""轮廓"或"全部"效果。

"冻结透明度"按钮 ：冻结当前视图的透明度。

"编辑透明度" ：打开"渐变透明度"对话框，可以对渐变透明度进行具体的设置。

"复制透明度" ：可以复制对象的透明效果。

"无透明度" ：可以清除对象中的透明效果。

8.2.8 编辑轮廓效果

轮廓效果是由图形中心向内部或者外部放射的层次效果，它由多个同心线圈组成。下面介绍如何制作轮廓效果。

绘制一个图形，如图 8-161 所示。选择"轮廓图"工具 ▣，在图形轮廓上方的节点上单击鼠标左键，并向内拖曳光标至需要的位置，松开鼠标左键，效果如图 8-162 所示。

图 8-161　　　　　　　　图 8-162

"轮廓"工具的属性栏如图 8-163 所示。各选项的含义如下。

图 8-163

"预设列表"选项 预设... ▼：选择系统预设的样式。

"内部轮廓"按钮 ▣、"外部轮廓"按钮 ▣：使对象产生向内和向外的轮廓图。

"到中心"按钮 ▣：根据设置的偏移值一直向内创建轮廓图，效果如图 8-164 所示。

内部轮廓　　　　　　　　到中心　　　　　　　　外部轮廓

图 8-164

"轮廓图步长"选项 ┘1 ┆ 和"轮廓图偏移"选项 ▤ 5.0 mm ┆：设置轮廓图的步数和偏移值，如图 8-165 和图 8-166 所示。

"轮廓色"选项 ◑ ■ ▼：设定最内一圈轮廓线的颜色。

"填充色"选项 ◇ ■ ▼：设定轮廓图的颜色。

图 8-165   图 8-166

8.2.9　课堂案例——制作家电广告

【案例学习目标】使用文本工具、贝塞尔工具和特殊效果工具制作家电广告。

【案例知识要点】使用矩形工具和渐变工具制作背景效果，使用文本工具、封套工具和阴影工具制作广告语文字，使用贝塞尔工具、轮廓图工具和拆分轮廓图命令制作阴影效果，使用矩形工具和调和工具制作装饰图形，效果如图 8-167 所示。

【效果所在位置】Ch08\效果\制作家电广告.cdr。

图 8-167

（1）按 Ctrl+N 组合键，新建一个 A4 页面。单击属性栏中的"横向"按钮□，横向显示页面。双击"矩形"工具□，绘制一个与页面大小相等的矩形，如图 8-168 所示。选择"选择"工具�，按住 Shift 键的同时，拖曳矩形上边中间的控制手柄到适当的位置，调整其大小，效果如图 8-169 所示。

图 8-168   图 8-169

（2）按 F11 键，弹出"编辑填充"对话框，选择"渐变填充"按钮█，在"位置"选项中分别添加并输入 0、50、100 三个位置点，分别设置三个位置点颜色的 CMYK 值为 0（0、40、100、0）、50（0、0、54、0）、100（0、40、100、0），其他选项的设置如图 8-170 所示。单击"确定"按钮，填充图形，并去除图形的轮廓线，效果如图 8-171 所示。

（3）选择"文本"工具 字，在页面中输入需要的文字，选择"选择"工具 ，在属性栏中选取适当的字体并设置文字大小，效果如图 8-172 所示。

图 8-170　　　　　　　　　　　　　　　　　　　　　　图 8-171

图 8-172

（4）选择"形状"工具 ，选取需要的文字节点，如图 8-173 所示。在属性栏中设置文字大小，效果如图 8-174 所示。

图 8-173　　　　　　　　　　　　　　　　图 8-174

（5）选择"封套"工具 ，在文字周围出现封套节点，如图 8-175 所示。按住 Ctrl 键的同时，将需要的节点同时选取，如图 8-176 所示，按 Delete 键，删除选取的节点。

图 8-175　　　　　　　　　　　　　　　　图 8-176

（6）按住 Shift 键的同时，将需要的节点同时选取，如图 8-177 所示。在属性栏中单击"转换为线条"按钮 ，将节点转换为直线点。分别拖曳节点到适当的位置，效果如图 8-178 所示。

图 8-177　　　　　　　　　　　　　　　　图 8-178

（7）选择"选择"工具 ，选取文字。按 F11 键，弹出"编辑填充"对话框，选择"渐变填充"按钮 ，在"位置"选项中分别添加并输入 0、52、100 三个位置点，分别设置三个位置点颜色的 CMYK

值为 0（0、20、100、0）、52（5、0、100、0）、100（0、10、70、0），其他选项的设置如图 8-179 所示。单击"确定"按钮，填充文字，效果如图 8-180 所示。

图 8-179   图 8-180

（8）选择"阴影"工具 ，在文字上从上向下拖曳光标添加阴影效果，在属性栏中的设置如图 8-181 所示，按 Enter 键，效果如图 8-182 所示。

图 8-181   图 8-182

（9）选择"贝塞尔"工具 ，绘制一个图形，设置图形颜色的 CMYK 值为 0、100、80、0，填充图形，并去除图形的轮廓线，如图 8-183 所示。选择"轮廓图"工具 ，在属性栏中单击"外部轮廓"按钮 ，将"填充色"选项的 CMYK 值设置为 40、100、100、20，其他选项的设置如图 8-184 所示，按 Enter 键，效果如图 8-185 所示。

（10）选择"选择"工具 ，选取图形，选择"对象 > 拆分轮廓图群组"命令，拆分文字。选取下方的图形，按数字键盘上的+键，复制图形，并将其拖曳到适当的位置，效果如图 8-186 所示。

图 8-183   图 8-184

图 8-185   图 8-186

（11）保持图形的选取状态，填充图形为黑色，按 Ctrl+PageDown 组合键，后移一层，效果如图 8-187 所示。选择"透明度"工具，在属性栏中单击"均匀透明度"按钮，其他选项的设置如图 8-188 所示，按 Enter 键，效果如图 8-189 所示。选择"选择"工具，选取需要的图形，按 Ctrl+PageDown 组合键，后移图形，效果如图 8-190 所示。

图 8-187

图 8-188

图 8-189

图 8-190

（12）选择"选择"工具，用圈选的方法将需要的图形同时选取，按 Ctrl+G 组合键，群组图形，拖曳到适当的位置，效果如图 8-191 所示。用相同的方法制作其他图形和文字，拖曳到适当的位置，效果如图 8-192 所示。按 Ctrl+PageDown 组合键，后移图形，效果如图 8-193 所示。

图 8-191

图 8-192

图 8-193

（13）按 Ctrl+I 组合键，弹出"导入"对话框，打开本书学习资源中的"Ch08 > 素材 > 制作家电广告 > 01"文件，单击"导入"按钮，在页面中单击导入图片，选择"选择"工具，将其拖曳到适当的位置并调整大小，效果如图 8-194 所示。连续按 Ctrl+PageDown 组合键，后移图形，效果如图 8-195 所示。

图 8-194　　　　　　　　　　　　　　　图 8-195

（14）选择"矩形"工具□，在适当的位置绘制矩形，设置图形颜色的 CMYK 值为 0、100、100、0，填充图形，并去除图形的轮廓线，效果如图 8-196 所示。按 Ctrl+I 组合键，弹出"导入"对话框，打开本书学习资源中的"Ch08 > 素材 > 制作家电广告 >02"文件，单击"导入"按钮，在页面中单击导入图片，选择"选择"工具▶，将其拖曳到适当的位置并调整大小，效果如图 8-197 所示。

图 8-196　　　　　　　　　　　　　　　图 8-197

（15）按 Ctrl+I 组合键，弹出"导入"对话框，打开本书学习资源中的"Ch08 > 素材 > 制作家电广告 >03"文件，单击"导入"按钮，在页面中单击导入图片，选择"选择"工具▶，将其拖曳到适当的位置并调整大小，效果如图 8-198 所示。

图 8-198

（16）选择"阴影"工具▣，在图形上从左向右拖曳光标添加阴影效果，在属性栏中的设置如图 8-199 所示，按 Enter 键，效果如图 8-200 所示。

图 8-199　　　　　　　　　　　　　　　图 8-200

（17）选择"选择"工具▶，选取图片，按数字键盘上的+键，复制图片。单击属性栏中的"水平镜像"按钮▣，水平翻转图片，效果如图 8-201 所示。拖曳到适当的位置，效果如图 8-202 所示。

图 8-201　　　　　　　　　　　图 8-202

（18）选择"矩形"工具□，在适当的位置绘制矩形，设置图形颜色的 CMYK 值为 0、20、100、0，填充图形，并去除图形的轮廓线，效果如图 8-203 所示。选择"选择"工具▶，按住 Shift 键的同时，将矩形拖曳到适当的位置，并单击鼠标右键，复制矩形。设置图形颜色的 CMYK 值为 0、100、100、60，填充图形，效果如图 8-204 所示。

图 8-203　　　　　　　　　　　　图 8-204

（19）选择"调和"工具◇，将鼠标的光标从左边图形拖曳到右边的图形上，如图 8-205 所示。在属性栏中的设置如图 8-206 所示，按 Enter 键，效果如图 8-207 所示。家电广告制作完成，效果如图 8-208 所示。

图 8-205　　　　　　　　　　　　图 8-206

图 8-207　　　　　　　　　　　　图 8-208

8.2.10　使用变形效果

"变形"工具可以使图形的变形操作更加方便。变形后可以产生不规则的图形外观，变形后的图形效果更具弹性、更加奇特。

选择"变形"工具◌，弹出如图 8-209 所示的属性栏，在属性栏中提供了 3 种变形方式："推拉变形"◌、"拉链变形"◌和"扭曲变形"◌。

图 8-209

1. 推拉变形

绘制一个图形，如图 8-210 所示。单击属性栏中的"推拉变形"按钮⊕，在图形上按住鼠标左键并向左拖曳鼠标，如图 8-211 所示。变形的效果如图 8-212 所示。

图 8-210   图 8-211   图 8-212

在属性栏的"推拉振幅" ∧131⊙框中，可以输入数值来控制推拉变形的幅度。推拉变形的设置范围在 -200~200。单击"居中变形"按钮⊕，可以将变形的中心移至图形的中心。单击"转换为曲线"按钮⟳，可以将图形转换为曲线。

2. 拉链变形

绘制一个图形，如图 8-213 所示。单击属性栏中的"拉链变形"按钮✿，在图形上按住鼠标左键并向左下方拖曳鼠标，如图 8-214 所示，变形的效果如图 8-215 所示。

图 8-213   图 8-214   图 8-215

在属性栏的"拉链失真振幅" ∿0⊙中，可以输入数值调整变化图形时锯齿的深度。单击"随机变形"按钮☒，可以随机地变化图形锯齿的深度。单击"平滑变形"按钮☒，可以将图形锯齿的尖角变成圆弧。单击"局限变形"按钮☒，在图形中拖曳鼠标，可以将图形锯齿的局部进行变形。

3. 扭曲变形

绘制一个图形，效果如图 8-216 所示。选择"变形"工具☒，单击属性栏中的"扭曲变形"按钮☒，在图形中按住鼠标左键并转动鼠标，如图 8-217 所示，变形的效果如图 8-218 所示。

图 8-216   图 8-217   图 8-218

单击属性栏中的"添加新的变形"按钮，可以继续在图形中按住鼠标左键并转动鼠标，制作新的变形效果。单击"顺时针旋转"按钮和"逆时针旋转"按钮，可以设置旋转的方向。在"完全旋转"文本框中可以设置完全旋转的圈数。在"附加度数"文本框中可以设置旋转的角度。

8.2.11　封套效果

使用"封套"工具可以快速建立对象的封套效果，使文本、图形和位图都可以产生丰富的变形效果。

打开一个要制作封套效果的图形，如图 8-219 所示。选择"封套"工具，单击图形，图形外围显示封套的控制线和控制点，如图 8-220 所示。用鼠标拖曳需要的控制点到适当的位置并松开鼠标左键，可以改变图形的外形，如图 8-221 所示。选择"选择"工具并按 Esc 键，取消选取，图形的封套效果如图 8-222 所示。

图 8-219　　　　　图 8-220　　　　　图 8-221　　　　　图 8-222

在属性栏的"预设列表"中可以选择需要的预设封套效果。"直线模式"按钮、"单弧模式"按钮、"双弧模式"按钮和"非强制模式"按钮为 4 种不同的封套编辑模式。"映射模式"列表框包含 4 种映射模式，分别是"水平"模式、"原始"模式、"自由变形"模式和"垂直"模式。使用不同的映射模式可以使封套中的对象符合封套的形状，制作出所需要的变形效果。

8.2.12　使用透镜效果

在 CorelDRAW X8 中，使用透镜可以制作出多种特殊效果。下面介绍使用透镜的方法和效果。

打开一个图形，使用"选择"工具选取图形，如图 8-223 所示。选择"效果 > 透镜"命令，或按 Alt+F3 组合键，弹出"透镜"泊坞窗，按照图 8-224 所示进行设定，单击"应用"按钮，效果如图 8-225 所示。

在"透镜"泊坞窗中有"冻结""视点"和"移除表面"3 个复选框，选中它们可以设置透镜效果的公共参数。

"冻结"复选框：可以将透镜下面的图形产生的透镜效果添加成透镜的一部分。产生的透镜效果不会因为透镜或图形的移动而改变。

"视点"复选框：可以在不移动透镜的情况下，只弹出透镜下面对象的一部分。单击"视点"后面的"编辑"按钮，在对象的中心出现 × 形状，拖曳 × 形状可以移动视点。

"移除表面"复选框：透镜将只作用于下面的图形，没有图形的页面区域将保持通透性。

透明度选项：单击列表框弹出"透镜类型"下拉列表，如图 8-226 所示。在"透镜类型"下拉列表中的透镜上单击鼠标左键，可以选择需要的透镜。选择不同的透镜，再进行参数的设定，可以制作出不同的透镜效果。

图 8-223　　　　　图 8-224　　　　　图 8-225　　　　　图 8-226

课堂练习——制作电脑吊牌

【练习知识要点】使用封套工具制作宣传文字效果，使用文本工具输入其他文字，使用封套工具制作文字封套效果，效果如图 8-227 所示。

【效果所在位置】Ch08\效果\制作电脑吊牌.cdr。

图 8-227

课后习题——制作美食代金券

【习题知识要点】使用矩形工具、贝塞尔工具和 PowerClip 命令绘制背景效果，使用透明度工具制作图形的不透明度效果，使用椭圆形和造型命令制作云图形，使用文本工具、转换为曲线命令和形状工具制作宣传文字，效果如图 8-228 所示。

【效果所在位置】Ch08\效果\制作美食代金券.cdr。

图 8-228

第9章 商业案例实训

本章介绍

本章通过多个商业案例实训，进一步讲解 CorelDRAW X8 的强大功能和使用技巧，使读者能够牢固掌握软件功能和知识要点，制作出专业的设计作品。

学习目标

- 掌握软件基本功能的使用方法。
- 了解 CorelDRAW 的常用设计领域。
- 掌握 CorelDRAW 在不同设计领域的使用技巧。

技能目标

- 掌握海报设计——音乐演唱会海报的制作方法。
- 掌握广告设计——女鞋电商广告的制作方法。
- 掌握包装设计——牛奶包装的制作方法。
- 掌握图标设计——相机图标的绘制方法。
- 掌握 App 界面设计——运动健身 App 主页的制作方法。

9.1 海报设计——制作音乐演唱会海报

9.1.1 项目背景及要求

1. 客户名称
新月音乐有限公司。

2. 客户需求
新月音乐有限公司是一家涉及音乐演出、唱片出版、音乐制作、版权代理及无线运营等业务的音乐工作室，现公司即将为新推出的专辑举办专场演唱会，需要制作演唱会海报。海报设计要围绕专辑主题，注重专辑内涵的表现。

3. 设计要求
（1）海报设计突出新月工作室的特点。
（2）用色彩表现晕染的效果，画面梦幻唯美。
（3）整体风格简洁大气。
（4）通过独特的设计风格来吸引粉丝及音乐爱好者的注意。
（5）设计规格为 210mm（宽）×297mm（高），分辨率为 300 dpi。

9.1.2 项目素材及要点

1. 素材资源
图片素材所在位置：本书学习资源中的"Ch09\素材\制作音乐演唱会海报\01"。

文字素材所在位置：本书学习资源中的"Ch09\素材\制作音乐演唱会海报\文字文档"。

2. 设计作品
设计作品参考效果所在位置：本书学习资源中的"Ch09\效果\制作音乐演唱会海报.cdr"，效果如图 9-1 所示。

3. 制作要点
使用文本工具、文本属性面板添加并编辑宣传性文字；使用文本工具、形状工具编辑文字锚点；使用封套工具、直线模式按钮制作文字变形；使用贝塞尔工具、合并命令制作文字结合效果。

图 9-1

9.1.3 案例制作及步骤

1. 添加并编辑宣传文字
（1）按 Ctrl+N 组合键，新建一个 A4 页面。选择"视图 > 页 > 出血"命令，显示出血线。按 Ctrl+I 组合键，弹出"导入"对话框，选择本书学习资源中的"Ch09 > 素材 > 制作音乐演唱会海报 >

01"文件,单击"导入"按钮,在页面中单击导入图片,如图 9-2 所示。按 P 键,图片在页面中居中对齐,效果如图 9-3 所示。

图 9-2　　　　　　　　　　图 9-3

(2)选择"文本"工具**字**,在页面中输入需要的文字,选择"选择"工具,在属性栏中选取适当的字体并设置文字大小,效果如图 9-4 所示。设置文字颜色的 CMYK 值为 100、98、52、7,填充文字,效果如图 9-5 所示。

(3)选择"文本 > 文本属性"命令,在弹出的"文本属性"面板中进行设置,如图 9-6 所示,按 Enter 键,效果如图 9-7 所示。

图 9-4　　　　　　图 9-5　　　　　　图 9-6　　　　　　图 9-7

(4)选择"文本"工具**字**,在适当的位置分别输入需要的文字,选择"选择"工具,在属性栏中分别选取适当的字体并设置文字大小,效果如图 9-8 所示。将输入的文字同时选取,设置文字颜色的 CMYK 值为 100、98、52、7,填充文字,效果如图 9-9 所示。

图 9-8　　　　　　　　　　图 9-9

（5）选择"文本"工具 字，选取文字"演唱会"，在属性栏中选取适当的字体，效果如图 9-10 所示。选择"选择"工具 ▶，在属性栏中单击"文本对齐"按钮 🗐，在弹出的下拉列表中选择"居中"命令，如图 9-11 所示，文字对齐效果如图 9-12 所示。

图 9-10

图 9-11

图 9-12

（6）选择"文本"工具 字，在适当的位置分别输入需要的文字，选择"选择"工具 ▶，在属性栏中分别选取适当的字体并设置文字大小，效果如图 9-13 所示。选取上方的文字，设置文字颜色的 CMYK 值为 100、98、52、7，填充文字，效果如图 9-14 所示。

图 9-13

图 9-14

（7）选择"形状"工具 ﹌，选取下方的文字，向下拖曳文字下方的 ≡ 图标，调整文字的行距，效果如图 9-15 所示。选择"选择"工具 ▶，填充文字为白色，按住 Shift 键的同时，选取上方需要的文字，在属性栏中单击"文本对齐"按钮 🗐，在弹出的下拉列表中选择"居中"命令，文字对齐效果如图 9-16 所示。

图 9-15

图 9-16

2. 制作演唱会标志

（1）选择"文本"工具 字，在页面外分别输入需要的文字，选择"选择"工具 ▶，在属性栏中分别选取适当的字体并设置文字大小，效果如图 9-17 所示。选择"形状"工具 ﹌，选取文字"新月音乐"，向左拖曳文字下方的 ‖ 图标，调整文字的间距，效果如图 9-18 所示。

图 9-17

图 9-18

（2）选择"选择"工具，按 Ctrl+K 组合键，将文字进行拆分，拆分完成后"新"字呈选中状态，如图 9-19 所示。按 Ctrl+Q 组合键，将文字转化为曲线。选择"形状"工具，按住 Shift 键的同时，选取需要的节点，如图 9-20 所示。垂直向下拖曳节点到适当的位置，效果如图 9-21 所示。

图 9-19   图 9-20   图 9-21

（3）选择"形状"工具，在适当的位置分别双击鼠标左键添加 2 个节点，如图 9-22 所示。选取左下角的节点，按 Delete 键，将其删除，效果如图 9-23 所示。

图 9-22   图 9-23

（4）放大显示比例。选择"形状"工具，按住 Shift 键的同时，选取需要的节点，在属性栏中单击"转换为曲线"按钮，节点上出现控制线，如图 9-24 所示。选取下方的节点，拖曳控制线到适当的位置，如图 9-25 所示。选取左侧的节点，拖曳控制线到适当的位置，如图 9-26 所示。

图 9-24   图 9-25   图 9-26

（5）选择"贝塞尔"工具，在适当的位置绘制一个不规则图形，如图 9-27 所示。选择"封套"工具，选取文字"XINYUE YINYUE"，编辑状态如图 9-28 所示。在属性栏中单击"直线模式"按钮，拖曳文字左下角的节点到适当的位置，文字变形效果如图 9-29 所示。

图 9-27

图 9-28

图 9-29

（6）选择"选择"工具 ▶，按住 Shift 键的同时，单击不规则图形将其同时选取，如图 9-30 所示，单击属性栏中的"合并"按钮 ▣，合并图形，填充图形为黑色，并去除图形的轮廓线，如图 9-31 所示。

图 9-30   图 9-31

（7）选择"选择"工具 ▶，用圈选的方法将图形和文字全部选取，按 Ctrl+G 组合键，将其群组。拖曳群组图形到页面中适当的位置，并填充图形为白色，效果如图 9-32 所示。

（8）选择"文本"工具 字，在适当的位置分别输入需要的文字，选择"选择"工具 ▶，在属性栏中分别选取适当的字体并设置文字大小，效果如图 9-33 所示。

图 9-32

图 9-33

（9）选择"选择"工具 ▶，选取文字"咕芈"，在"文本属性"面板中进行设置，如图 9-34 所示；按 Enter 键，如图 9-35 所示。选取文字"在"，按 Ctrl+Q 组合键，将文字转化为曲线，如图 9-36 所示。

图 9-34

图 9-35

图 9-36

（10）选择"形状"工具 ⬧，圈选需要的节点，如图 9-37 所示。按住 Shift 键的同时，垂直向下拖曳节点到适当的位置，效果如图 9-38 所示。音乐演唱会海报制作完成，效果如图 9-39 所示。

图 9-37

图 9-38

图 9-39

课堂练习1——制作手机海报

练习1.1　项目背景及要求

1. 客户名称

拍照手机专营店。

2. 客户需求

拍照手机专营店是一家专卖拍照手机的手机卖场。该手机店近期要做手机促销活动，需要制作宣传单，要求能够适用于街头派发、橱窗及公告栏展示。海报要求内容丰富，重点宣传此次优惠活动。

3. 设计要求

（1）设计色彩丰富，能够激起顾客的购买欲。

（2）添加手机形象，与文字一起构成丰富的画面。

（3）海报设计主次分明，对文字进行具有特色的设计，使消费者快速了解优惠信息。

（4）画面对比感强烈，能迅速吸引人们注意。

（5）设计规格为210mm（宽）×297mm（高），分辨率为300 dpi。

练习1.2　项目素材及要点

1. 素材资源

图片素材所在位置：本书学习资源中的"Ch09\素材\制作手机海报\01～03"。

文字素材所在位置：本书学习资源中的"Ch09\素材\制作手机海报\文字文档"。

2. 作品参考

设计作品参考效果所在位置：本书学习资源中的"Ch09\效果\制作手机海报.cdr"，效果如图9-40所示。

图 9-40

3. 制作要点

使用钢笔工具和 PowerClip 命令制作背景效果；使用文本工具、贝塞尔工具、形状工具和编辑锚点按钮制作宣传文字；使用转换为位图命令制作文字的背景效果；使用轮廓图工具制作文字的立体效果；使用导入命令导入产品图片。

课堂练习 2——制作重阳节海报

练习 2.1　项目背景及要求

1. 客户名称

法克传媒。

2. 客户需求

法克传媒是一家投资及运营电影、电视剧、艺人经纪、唱片、娱乐营销及公益活动等的传媒公司，并且在这些领域都取得了不错的成绩。目前重阳佳节在即，公司即将举办以"重阳节"为主题的公益活动，现要求制作一张海报用于宣传，要求海报制作清新淡雅。

3. 设计要求

（1）海报风格具有古典风格。

（2）整个海报的形式以水墨画表现，独具特色。

（3）重点宣传本次活动，内容详细，重点内容要突出表现。

（4）色彩清新淡雅，通过图像与文字的结合体现出重阳佳节源远流长的特点。

（5）设计规格为 210mm（宽）×297mm（高），分辨率为 300 dpi。

练习 2.2　项目素材及要点

1. 素材资源

图片素材所在位置：本书学习资源中的"Ch09\素材\制作重阳节海报\01～04"。

文字素材所在位置：本书学习资源中的"Ch09\素材\制作重阳节海报\文字文档"。

2. 作品参考

设计作品参考效果所在位置：本书学习资源中的"Ch09\效果\制作重阳节海报.cdr"，效果如图 9-41 所示。

3. 制作要点

使用导入命令、透明度工具和 PowerClip 命令制作背景效果；使用贝塞尔工具、文本工具、合并命令制作印章；使用文本工具添加介绍文字。

图 9-41

课后习题 1——制作招聘海报

习题 1.1　项目背景及要求

1. 客户名称

新架构工作室。

2. 客户需求

新架构工作室是一家为广大读者提供品种丰富、文化含量高的优质图书内容的文化公司。该公司目前要招聘青春文学部门编辑，需要制作招聘海报，用于橱窗公告栏展示及网站展示。

3. 设计要求

（1）海报色彩丰富，吸引视线。

（2）运用色块，与文字一起构成丰富的画面。

（3）表现本部门风趣、活泼的风格，色彩鲜艳，给人以热闹的视觉感受。

（4）将文字进行具有特色的排列，使人们快速了解招聘信息。

（5）设计规格为 210mm（宽）×297mm（高），分辨率为 300 dpi。

习题 1.2　项目素材及要点

1. 素材资源

文字素材所在位置：本书学习资源中的 "Ch09\素材\制作招聘海报\文字文档"。

2. 作品参考

设计作品参考效果所在位置：本书学习资源中的 "Ch09\效果\制作招聘海报.cdr"，效果如图 9-42 所示。

3. 制作要点

使用矩形工具、轮廓图工具和 PowerClip 命令制作背景效果；使用文本工具和文本属性泊坞窗添加宣传文字；使用贝塞尔工具绘制装饰图形。

图 9-42

课后习题 2——制作"双 11"海报

习题 2.1　项目背景及要求

1. 客户名称

乐游乐时尚购物。

2. 客户需求

乐游乐时尚购物是一家品牌服饰专卖店。在"双 11"到来之际，乐游乐时尚购物推出"7 天折扣"活动，需要针对本次活动制作一款海报。海报要求将本次活动内容表现清楚明了，并且能够让人感到耳目一新。

3. 设计要求

（1）海报色彩丰富，吸引视线。

（2）海报的风格能够让人感受到清凉、舒适。

（3）标题设计醒目，能够快速吸引大众的视线。

（4）海报的色彩丰富明艳，能够增强画面的视觉效果。

（5）设计规格为 210mm（宽）×297mm（高），分辨率为 300 dpi。

习题 2.2　项目素材及要点

1. 素材资源

图片素材所在位置：本书学习资源中的"Ch09\素材\制作'双 11'海报\01"。

文字素材所在位置：本书学习资源中的"Ch09\素材\制作'双 11'海报\文字文档"。

2. 作品参考

设计作品参考效果所在位置：本书学习资源中的"Ch09\效果\制作'双 11'海报.cdr"，效果如图 9-43 所示。

3. 制作要点

使用导入命令导入素材文件；使用文本工具、阴影工具制作标题文字；使用矩形工具、移除前面对象按钮制作装饰框；使用转换为位图命令、高斯式模糊命令制作装饰框阴影效果；使用矩形工具、倒棱角按钮、文本工具和合并命令制作抢购标签；使用文本工具添加其他相关信息。

图 9-43

9.2　广告设计——制作女鞋电商广告

9.2.1　项目背景及要求

1. 客户名称

第 8 号鞋仓。

2. 客户需求

第 8 号鞋仓专门经营女士高跟鞋，受到女性的青睐。现需要为一新款高跟鞋制作宣传广告，要求能够体现出高跟鞋的时尚感与舒适感。

3. 设计要求

（1）设计风格清新淡雅，主题突出，明确市场定位。

（2）突出对高跟鞋的宣传，并传达出产品的品质与理念。

（3）设计简单大气，图文编排合理并且具有特色。

（4）以真实简洁的方式向观者传达信息内容。

（5）设计规格为 1920 px（宽）×830 px（高），分辨率为 72 dpi。

9.2.2　项目素材及要点

1. 素材资源

图片素材所在位置：本书学习资源中的"Ch09\素材\制作女鞋电商广告\01 ~ 03"。

文字素材所在位置：本书学习资源中的"Ch09\素材\制作女鞋电商广告\文字文档"。

2. 设计作品

设计作品参考效果所在位置：本书学习资源中的"Ch09\效果\制作女鞋电商广告.cdr"，效果如图 9-44 所示。

图 9-44

3. 制作要点

使用导入命令导入素材图片；使用阴影工具为图形添加阴影效果；使用文本工具、文本属性面板和填充工具添加文字信息；使用矩形工具、文本工具、贝塞尔工具和椭圆工具绘制包邮标签；使用矩形工具、轮廓笔对话框制作虚线效果。

9.2.3 案例制作及步骤

（1）按 Ctrl+N 组合键，弹出"创建新文档"对话框，设置文档的宽度为 1920 px，高度为 830 px，原色模式为 RGB，渲染分辨率为 72 dpi，单击"确定"按钮，新建一个文档。

（2）按 Ctrl+I 组合键，弹出"导入"对话框，选择本书学习资源中的"Ch09 > 素材 > 制作女鞋电商广告 > 01"文件，单击"导入"按钮，在页面中单击导入图片，如图 9-45 所示。按 P 键，图片在页面中居中对齐，效果如图 9-46 所示。

图 9-45　　　　　　　　　　　　　　图 9-46

（3）按 Ctrl+I 组合键，弹出"导入"对话框，选择本书学习资源中的"Ch09 > 素材 > 制作女鞋电商广告 > 02、03"文件，单击"导入"按钮，在页面中分别单击导入图片，将其拖曳到适当的位置并调整其大小，效果如图 9-47 所示。

（4）选择"选择"工具，选取下方图片，选择"阴影"工具，在属性栏中单击"预设列表"选项，在弹出的菜单中选择"透视右上"，其他选项的设置如图 9-48 所示，按 Enter 键，如图 9-49 所示。

图 9-47　　　　　　　　　图 9-48　　　　　　　　　图 9-49

（5）选择"文本"工具 **字**，在页面中分别输入需要的文字。选择"选择"工具 **↖**，在属性栏中分别选择合适的字体并设置文字大小，效果如图 9-50 所示。

（6）选取英文"MIDSUMMER"，选择"文本 > 文本属性"命令，在弹出的"文本属性"面板中进行设置，如图 9-51 所示，按 Enter 键，效果如图 9-52 所示。

图 9-50

图 9-51

图 9-52

（7）选取文字"唤醒夏日"，设置文字颜色的 RGB 值为 234、91、104，填充文字，效果如图 9-53 所示。在"文本属性"面板中进行设置，如图 9-54 所示，按 Enter 键，效果如图 9-55 所示。

图 9-53

图 9-54

图 9-55

（8）选取文字"颜值胜出换新季"，在"文本属性"面板中进行设置，如图 9-56 所示，按 Enter 键，效果如图 9-57 所示。

图 9-56

图 9-57

（9）选取文字"满 99 减 10 / 满 199 减 20"，填充文字为白色，效果如图 9-58 所示。在"文本属性"面板中进行设置，如图 9-59 所示，按 Enter 键，效果如图 9-60 所示。

图 9-58　　　　　　　　　　图 9-59　　　　　　　　　　图 9-60

（10）选择"矩形"工具▢，在适当的位置绘制一个矩形，如图 9-61 所示。填充图形为黑色，并去除图形的轮廓线，连续按 Ctrl+PageDown 组合键，将矩形向后移至适当的位置，效果如图 9-62 所示。

图 9-61　　　　　　　　　　　　　　　　图 9-62

（11）选择"矩形"工具▢，在适当的位置绘制一个矩形，设置图形颜色的 RGB 值为 197、43、49，填充图形，并去除图形的轮廓线，效果如图 9-63 所示。

（12）选择"文本"工具字，在适当的位置输入需要的文字。选择"选择"工具▶，在属性栏中选取适当的字体并设置文字大小，单击"将文本更改为垂直方向"按钮⫼，更改文本方向；填充文字为白色，效果如图 9-64 所示。

（13）选择"选择"工具▶，按住 Shift 键的同时，单击下方矩形将其同时选取，在属性栏的"旋转角度"⟳.₀▢框中设置数值为 355，按 Enter 键，效果如图 9-65 所示。

（14）选取下方矩形，选择"阴影"工具▢，在属性栏中单击"预设列表"选项，在弹出的菜单中选择"平面右下"，其他选项的设置如图 9-66 所示，按 Enter 键，效果如图 9-67 所示。

图 9-63　　　　图 9-64　　　　图 9-65　　　　　　　　图 9-66　　　　　　图 9-67

（15）选择"贝塞尔"工具✐，在适当的位置分别绘制两条曲线，如图 9-68 所示。选择"选择"工具▶，选取左侧的曲线，按 Shift+PageDown 组合键，置于底层，效果如图 9-69 所示。

（16）选择"椭圆形"工具○，按住 Ctrl 键的同时，在适当的位置绘制一个圆形，填充图形为黑色，并去除图形的轮廓线，效果如图 9-70 所示。选择"选择"工具▶，按数字键盘上的+键，复制圆形，向上方拖曳复制的圆形到适当的位置，效果如图 9-71 所示。

（17）选择"选择"工具▶，用圈选的方法将所有图形和文字全部选取，按 Ctrl+G 组合键，将其群组，如图 9-72 所示。拖曳群组图形到页面中适当的位置，效果如图 9-73 所示。

图 9-68 图 9-69 图 9-70 图 9-71 图 9-72 图 9-73

（18）选择"矩形"工具 ▢，在适当的位置绘制一个矩形，如图 9-74 所示。按 F12 键，弹出"轮廓笔"对话框，在"颜色"选项中设置轮廓线颜色的 RGB 值为 26、26、26，其他选项的设置如图 9-75 所示；单击"确定"按钮，效果如图 9-76 所示。用相同的方法再制作一条虚线，效果如图 9-77 所示。女鞋电商广告制作完成。

图 9-74

图 9-75

图 9-76

图 9-77

课堂练习 1——制作手机电商广告

练习 1.1　项目背景及要求

1. 客户名称

黑壳科技有限公司。

2. 客户需求

黑壳科技有限公司是一家专注于电子产品研发和高端智能手机、智能家居生态链建设的创新型科技企业。目前，黑壳科技有限公司最新型号手机即将上市，需要为新型手机的上市制作宣传广告，要求以宣传手机为主要内容，突出主题。

3．设计要求

（1）广告的画面背景以手机产品展示为主，突出宣传重点。

（2）画面质感丰富，能够体现品牌的品质与质量。

（3）广告整体色调柔和，能够让消费者感受到温馨舒适的氛围。

（4）广告设计整体图文搭配和谐，主次分明，画面整洁大气。

（5）设计规格为 1920 px（宽）×830 px（高），分辨率为 72 dpi。

练习 1.2　项目素材及要点

1．素材资源

图片素材所在位置：本书学习资源中的"Ch09\素材\制作手机电商广告\01、02"。

文字素材所在位置：本书学习资源中的"Ch09\素材\制作手机电商广告\文字文档"。

2．作品参考

设计作品参考效果所在位置：本书学习资源中的"Ch09\效果\制作手机电商广告.cdr"，效果如图9-78 所示。

图 9-78

3．制作要点

使用导入命令导入素材图片；使用文本工具、文本属性面板添加宣传性文字；使用插入字符命令添加需要的字符。

课堂练习 2——制作服装电商广告

练习 2.1　项目背景及要求

1．客户名称

ELEGANCE 服饰店。

2．客户需求

ELEGANCE 服饰店是一家专业出售女士服饰的专卖店，一直深受崇尚时尚的女孩们的喜爱。服饰店要为秋季新款制作网页焦点广告，要求典雅时尚，体现店铺的特点。

3. 设计要求

（1）设计以服饰相关的图片为主要内容图片。

（2）运用颜色鲜明、较为现代的图片，与文字一起构成丰富的画面。

（3）设计要体现本店时尚、简约的风格，色彩淡雅，给人活泼清雅的视觉信息。

（4）将文字进行具有特色的设计，使消费者快速了解店铺信息。

（5）设计规格为 1920 px（宽）× 600 px（高），分辨率为 72 dpi。

练习 2.2　项目素材及要点

1. 素材资源

图片素材所在位置：本书学习资源中的"Ch09\素材\制作服装电商广告\01 ~ 05"。

文字素材所在位置：本书学习资源中的"Ch09\素材\制作服装电商广告\文字文档"。

2. 作品参考

设计作品参考效果所在位置：本书学习资源中的"Ch09\效果\制作服装电商广告.cdr"，效果如图 9-79 所示。

图 9-79

3. 制作要点

使用导入命令、矩形工具和 PowerClip 命令制作背景；使用文本工具、渐变工具制作标题文字；使用矩形工具、移除前面对象按钮制作装饰框；使用文本工具、文本属性面板添加宣传性文字。

课后习题 1——制作家电电商广告

习题 1.1　项目背景及要求

1. 客户名称

欧斯卡数码专卖店。

2. 客户需求

欧斯卡数码专卖店是一家家电产品的专卖店，专卖店在秋天即将举办折扣活动，需要制作网络宣传广告，在互联网上进行宣传，广告要求能够吸引大家视线，达到宣传效果。

3. 设计要求

（1）广告画面绚丽多彩，视觉效果强烈。

（2）广告内容明确，突出活动的宣传。

（3）色彩运用大胆强烈，使用对比强烈的色彩使画面效果具有冲击力。

（4）画面的主要内容应是文字，所以应注重文字的设计。

（5）设计规格为 1200 px（宽）× 600 px（高），分辨率为 72 dpi。

习题 1.2　项目素材及要点

1. 素材资源

图片素材所在位置：本书学习资源中的"Ch09\素材\制作家电电商广告\01～08"。

文字素材所在位置：本书学习资源中的"Ch09\素材\制作家电电商广告\文字文档"。

2. 作品参考

设计作品参考效果所在位置：本书学习资源中的"Ch09\效果\制作家电电商广告.cdr"，效果如图 9-80 所示。

图 9-80

3. 制作要点

使用矩形工具、导入命令和透明度工具制作背景效果；使用文本工具、立体化工具制作标题文字；使用矩形工具、文本工具、合并按钮制作家电品类及活动时间。

课后习题 2——制作女包电商广告

习题 2.1　项目背景及要求

1. 客户名称

尚佳怡百货商场。

2. 客户需求

尚佳怡百货商场是以服装、鞋帽和箱包为主的网上商城。目前新上欧美休闲百搭包，要求为商场网站设计促销宣传广告，能够适用于网站头条、橱窗及公告栏展示。广告以宣传新款女包为主，要求内容表现出新款女包的特点。

3. 设计要求

（1）广告内容以图片为主，选取的装饰搭配要舒适自然。

（2）文字设计与图片相迎合，配合图片设计搭配。

（3）设计所用背景为浅色调，以突出主体产品。

（4）整体风格具有高端大气的特色，体现出品牌特点。

（5）设计规格为 1200 px（宽）× 600 px（高），分辨率为 72 dpi。

习题 2.2　项目素材及要点

1. 素材资源
图片素材所在位置：本书学习资源中的"Ch09\素材\制作女包电商广告\01、02"。

文字素材所在位置：本书学习资源中的"Ch09\素材\制作女包电商广告\文字文档"。

2. 作品参考
设计作品参考效果所在位置：本书学习资源中的"Ch09\效果\制作女包电商广告.cdr"，效果如图
9-81 所示。

图 9-81

3. 制作要点
使用矩形工具、导入命令、渐变工具和 PowerClip 命令制作广告背景；使用贝塞尔工具、转换为
位图命令和高斯式模糊命令制作女包阴影；使用文本工具、矩形工具和移除前面对象按钮制作标题文
字；使用文本工具添加其他相关信息。

9.3　包装设计——制作牛奶包装

9.3.1　项目背景及要求

1. 客户名称
宝宝食品有限公司。

2. 客户需求
宝宝食品有限公司是一家制作婴幼儿配方食品的专业公司。公司因精选优质原料，生产国际水平
的产品，得到消费者的广泛认可。目前公司推出了最新研制的心怡特牛奶，需要为该产品制作一款包
装，包装设计要求体现产品特色，展现品牌形象。

3. 设计要求
（1）包装风格简洁大气，使消费者感到放心。

（2）使用卡通形象作为包装素材，突出宣传重点。

（3）设计使用文字效果，在画面中突出显示。

（4）整体效果具有温馨可爱的画面感。

（5）设计规格为 297mm（宽）×210mm（高），分辨率为 300 dpi。

9.3.2 项目素材及要点

1. 素材资源

文字素材所在位置：本书学习资源中的"Ch09\素材\制作牛奶包装\文字文档"。

2. 设计作品

设计作品参考效果所在位置：本书学习资源中的"Ch09\效果\制作牛奶包装.cdr"，效果如图 9-82 所示。

3. 制作要点

使用矩形工具、转换为曲线命令和形状工具制作瓶盖图形；使用转换为位图命令和高斯式模糊命令制作阴影效果；使用贝塞尔工具和渐变工具制作瓶身；使用文本工具、对象属性泊坞窗和轮廓图工具添加宣传文字。

图 9-82

9.3.3 案例制作及步骤

1. 绘制瓶身

（1）按 Ctrl+N 组合键，新建一个 A4 文件。单击属性栏中的"横向"按钮▢，横向显示页面。选择"矩形"工具▢，绘制一个矩形，如图 9-83 所示。在属性栏的"转角半径" ▢▢▢▢ 框中设置数值为 10mm，如图 9-84 所示，按 Enter 键，效果如图 9-85 所示。

图 9-83   图 9-84   图 9-85

（2）选择"选择"工具▶，选取圆角矩形。按 Ctrl+Q 组合键，将圆角矩形转换为曲线，如图 9-86 所示。选择"形状"工具▸，将需要的节点选取，如图 9-87 所示，按 Delete 键，删除节点。分别调整其他节点到适当的位置，效果如图 9-88 所示。

图 9-86   图 9-87   图 9-88

（3）选择"选择"工具 ，选取图形。按 F11 键，弹出"编辑填充"对话框，将"起点"颜色的 CMYK 值设置为 10、50、30、0，"终点"颜色的 CMYK 值设置为 0、40、15、0，其他选项的设置如图 9-89 所示。单击"确定"按钮，填充图形，并去除图形的轮廓线，效果如图 9-90 所示。

图 9-89   图 9-90

（4）选择"矩形"工具 ，绘制一个矩形。在属性栏的"转角半径" 框中设置数值为 10mm，如图 9-91 所示，按 Enter 键。填充为白色，并去除图形的轮廓线，效果如图 9-92 所示。选择"贝塞尔"工具 ，绘制一个图形，如图 9-93 所示。

图 9-91   图 9-92   图 9-93

（5）按 F11 键，弹出"编辑填充"对话框，在"位置"选项中分别添加并输入 0、49、80、100 四个位置点，分别设置四个位置点颜色的 CMYK 值为 0（0、0、0、20）、49（0、0、0、0）、80（0、0、0、0）、100（0、0、0、10），其他选项的设置如图 9-94 所示。单击"确定"按钮，填充图形，并去除图形的轮廓线，效果如图 9-95 所示。选择"贝塞尔"工具 ，绘制一个图形，如图 9-96 所示。

图 9-94   图 9-95   图 9-96

（6）按 F11 键，弹出"编辑填充"对话框，将"起点"颜色的 CMYK 值设置为 0、0、0、48，"终点"颜色的 CMYK 值设置为 0、0、0、0，将下方三角图标的"节点位置"选项设为 26%，其他选项的设置如图 9-97 所示。单击"确定"按钮，填充图形，并去除图形的轮廓线，效果如图 9-98 所示。

图 9-97　　　　　　　　　　　　　　　　　　　图 9-98

（7）保持图形的选取状态。选择"透明度"工具，在图形上从上向下拖曳光标，选取上方的节点，在右侧的"节点透明度"框 100 %中设置数值为 100；选取下方的节点，在右侧的"节点透明度"框 0 %中设置数值为 0，在属性栏中进行设置，如图 9-99 所示。按 Enter 键，如图 9-100 所示。

图 9-99　　　　　　　　　　　　　　　　　　　图 9-100

（8）选择"矩形"工具，绘制一个矩形，设置图形颜色的 CMYK 值为 0、0、0、70，填充图形，并去除图形的轮廓线，效果如图 9-101 所示。选择"透明度"工具，在图形上从下向上拖曳光标，选取下方的节点，在右侧的"节点透明度"框 100 %中设置数值为 100；选取上方的节点，在右侧的"节点透明度"框 0 %中设置数值为 0，在属性栏中选项的设置如图 9-102 所示。按 Enter 键，效果如图 9-103 所示。

图 9-101　　　　　　　图 9-102　　　　　　　图 9-103

（9）选择"选择"工具 ，按住 Shift 键的同时，选取需要的图形，如图 9-104 所示。选择"对象 >
PowerClip > 置于图文框内部"命令，鼠标的光标变为黑色箭头，将箭头放在图形上单击，图形被置
入图形中，效果如图 9-105 所示。选择"贝塞尔"工具 ，绘制一个图形，如图 9-106 所示。

图 9-104　　　　　　　　　图 9-105　　　　　　　　　图 9-106

（10）按 F11 键，弹出"编辑填充"对话框，选择"渐变填充"按钮 ，将"起点"颜色的 CMYK
值设置为 0、0、0、0，"终点"颜色的 CMYK 值设置为 0、0、0、60，其他选项的设置如图 9-107 所
示。单击"确定"按钮，填充图形，并去除图形的轮廓线，效果如图 9-108 所示。

图 9-107　　　　　　　　　　　　　　　　　　图 9-108

（11）选择"选择"工具 ，选取图形，按数字键盘上的+键，复制图形。单击属性栏中的"水平
镜像"按钮 ，水平翻转图形，效果如图 9-109 所示。拖曳到适当的位置，效果如图 9-110 所示。按
住 Shift 键的同时，将两个图形同时选取，按 Ctrl+PageDown 组合键，后移图形，如图 9-111 所示。

图 9-109　　　　　　　　　图 9-110　　　　　　　　　图 9-111

（12）选择"矩形"工具 ，绘制一个矩形，如图 9-112 所示。按 Ctrl+Q 组合键，将矩形转换为
曲线，如图 9-113 所示。

图 9-112　　　　　　　　　　图 9-113

（13）选择"形状"工具，将需要的节点选取并拖曳到适当的位置，效果如图 9-114 所示。选择"选择"工具，设置图形颜色的 CMYK 值为 0、40、15、0，填充图形，并去除图形的轮廓线，效果如图 9-115 所示。将其拖曳到适当的位置，效果如图 9-116 所示。

图 9-114　　　　　　　　图 9-115　　　　　　　　图 9-116

（14）用相同的方法再次绘制图形，设置图形颜色的 CMYK 值为 22、56、33、0，填充图形，并去除图形的轮廓线，效果如图 9-117 所示。选择"位图 > 转换为位图"命令，弹出"转换为位图"对话框，如图 9-118 所示，单击"确定"按钮，效果如图 9-119 所示。

图 9-117　　　　　　　　图 9-118　　　　　　　　图 9-119

（15）保持图形的选取状态。选择"位图 > 模糊 > 高斯式模糊"命令，在弹出的对话框中进行设置，如图 9-120 所示，单击"确定"按钮，效果如图 9-121 所示。

图 9-120　　　　　　　　　　　　图 9-121

（16）将其拖曳到适当的位置，如图 9-122 所示。连续按 Ctrl+PageDown 组合键，后移图形，效果如图 9-123 所示。选择"贝塞尔"工具，绘制一个图形，如图 9-124 所示。设置图形颜色的 CMYK 值为 22、56、33、0，填充图形，并去除图形的轮廓线，效果如图 9-125 所示。

图 9-122   图 9-123   图 9-124   图 9-125

2. 添加宣传文字

（1）选择"文本"工具 **字**，在页面中分别输入需要的文字，选择"选择"工具 ▶，在属性栏中分别选取适当的字体并设置文字大小，填充为白色，效果如图 9-126 所示。选取需要的文字，设置填充颜色的 CMYK 值为 76、0、100、35，填充文字，效果如图 9-127 所示。再次选取需要的文字，设置填充颜色的 CMYK 值为 76、0、100、0，填充文字，效果如图 9-128 所示。

图 9-126   图 9-127   图 9-128

（2）选取需要的文字，按 Alt+Enter 组合键，弹出"对象属性"泊坞窗，单击"段落"按钮 ≣，弹出相应的泊坞窗，选项的设置如图 9-129 所示，按 Enter 键，文字效果如图 9-130 所示。

图 9-129   图 9-130

（3）选取需要的文字，在"对象属性"泊坞窗中选项的设置如图 9-131 所示，按 Enter 键，文字效果如图 9-132 所示。用相同的方法调整其他文字，效果如图 9-133 所示。

（4）选择"选择"工具 ▶，选取需要的文字。选择"轮廓图"工具 □，在属性栏中单击"外部轮廓"按钮 □，将"填充色"的选项设为白色，其他选项的设置如图 9-134 所示，按 Enter 键，效果如图 9-135 所示。

图 9-131　　　　　　　图 9-132　　　　　　　图 9-133

图 9-134　　　　　　　　　　　　图 9-135

3．添加装饰细部

（1）选择"贝塞尔"工具 ✐，绘制一个图形，填充为白色，并去除图形的轮廓线，效果如图 9-136 所示。选择"选择"工具 ▶，选取图形，按数字键盘上的+键，复制图形。单击属性栏中的"水平镜像"按钮 ⬛，水平翻转图形，效果如图 9-137 所示。拖曳到适当的位置，效果如图 9-138 所示。

图 9-136　　　　　　　图 9-137　　　　　　　图 9-138

（2）选择"贝塞尔"工具 ✐，绘制一个图形。设置图形颜色的 CMYK 值为 0、0、0、60，填充图形，并去除图形的轮廓线，效果如图 9-139 所示。选择"透明度"工具 ⬛，在属性栏中单击"合并模式"选项，在弹出的菜单中选择"乘"，如图 9-140 所示，按 Enter 键，效果如图 9-141 所示。连续按 Ctrl+PageDown 组合键，后移图形，效果如图 9-142 所示。

图 9-139

图 9-140　　　　　　　图 9-141　　　　　　　图 9-142

（3）选择"贝塞尔"工具 ，绘制一个图形，填充为黑色，并去除图形的轮廓线，效果如图 9-143 所示。用相同的方法绘制另一个图形，效果如图 9-144 所示。再绘制一个图形，设置图形颜色的 CMYK 值为 0、40、15、0，填充图形，并去除图形的轮廓线，效果如图 9-145 所示。

图 9-143   图 9-144   图 9-145

（4）用相同的方法再绘制几个图形，设置图形颜色的 CMYK 值为 0、0、0、10，填充图形，并去除图形的轮廓线，效果如图 9-146 所示。选择"贝塞尔"工具 ，绘制一条曲线，选择"选择"工具 ，在属性栏的"轮廓宽度" .2 mm 框中设置数值为 0.75mm，按 Enter 键。设置轮廓线颜色的 CMYK 值为 0、0、0、80，填充轮廓线，效果如图 9-147 所示。

（5）选择"选择"工具 ，选取曲线。按数字键盘上的+键，复制图形。单击属性栏中的"水平镜像"按钮 ，水平翻转图形，如图 9-148 所示。拖曳到适当的位置，效果如图 9-149 所示。

图 9-146   图 9-147   图 9-148   图 9-149

（6）选择"选择"工具 ，按住 Shift 键的同时，将需要的曲线同时选取，连续按 Ctrl+PageDown 组合键，后移曲线，如图 9-150 所示。选择"贝塞尔"工具 ，绘制一个图形。设置图形颜色的 CMYK 值为 0、0、0、60，填充图形，并去除图形的轮廓线，效果如图 9-151 所示。

图 9-150   图 9-151

（7）选择"椭圆形"工具 ，在适当的位置绘制一个椭圆形，如图 9-152 所示。设置图形颜色的 CMYK 值为 0、0、0、40，填充图形，并去除图形的轮廓线，效果如图 9-153 所示。选择"位图 > 转换为位图"命令，弹出"转换为位图"对话框，保持默认设置，单击"确定"按钮，效果如图 9-154 所示。

图 9-152　　　　　　　　　　　图 9-153　　　　　　　　　　　图 9-154

（8）保持图形的选取状态。选择"位图 > 模糊 > 高斯式模糊"命令，在弹出的对话框中进行设置，如图 9-155 所示，单击"确定"按钮，效果如图 9-156 所示。

图 9-155　　　　　　　　　　　　　　　　　　图 9-156

（9）选择"选择"工具 ，选取图形，按 Shift+PageDown 组合键，将位图置于底层，如图 9-157 所示。用相同的方法绘制其他两个包装图形，效果如图 9-158 所示。

图 9-157　　　　　　　　　　图 9-158

（10）选择"矩形"工具 ，绘制一个矩形，如图 9-159 所示。选择"编辑填充"工具 ，弹出"编辑填充"对话框，单击"PostScript 填充"按钮 ，选择需要的填充样式，其他选项的设置如图 9-160 所示。单击"确定"按钮，并去除图形的轮廓线，效果如图 9-161 所示。选择"选择"工具 ，将包装图形拖曳到适当的位置。牛奶包装制作完成，效果如图 9-162 所示。

图 9-159　　　　　　　　　　　　图 9-160

图 9-161   图 9-162

课堂练习 1——制作冰淇淋包装

练习 1.1   项目背景及要求

1. 客户名称

Bnidgemans 食品有限公司。

2. 客户需求

Bnidgemans 食品有限公司是一家从事研发、制造、分销与出口的综合型制造公司。公司产品涵盖糖果、巧克力、果冻、糕点和调味品等众多类别。现新款冰淇淋即将上市，要求设计外包装，要符合产品特点。

3. 设计要求

（1）包装风格清新舒爽，符合产品特色。

（2）字体简单干净，配合整体的包装风格，使包装更显高端。

（3）图文搭配编排合理，视觉效果强烈。

（4）以真实简洁的方式向观者传达信息内容。

（5）设计规格为 200mm（宽）×200mm（高），分辨率 300 dpi。

练习 1.2   项目素材及要点

1. 素材资源

图片素材所在位置：本书学习资源中的 "Ch09\素材\制作冰淇淋包装\01、02"。

文字素材所在位置：本书学习资源中的 "Ch09\素材\制作冰淇淋包装\文字文档"。

2. 作品参考

设计作品参考效果所在位置：本书学习资源中的 "Ch09\效果\制作冰淇淋包装.cdr"，效果如图 9-163 所示。

3. 制作要点

使用矩形工具、椭圆形工具、贝塞尔工具和 PowerClip 命令制作包装外形；使用图形绘制工具、合并按钮、移除前面对象按钮和填充工具

图 9-163

绘制卡通形象；使用文本工具、文本属性面板添加商品名称及其他相关信息；使用椭圆形工具、转换为位图命令和高斯式模糊命令制作阴影效果。

课堂练习2——制作红豆包装

练习2.1　项目背景及要求

1. 客户名称
谷饼香食品有限公司。

2. 客户需求
谷饼香食品有限公司是一家经营各类谷物和以谷物为原料所制食品的公司，要求制作一款针对最新推出的红豆的外包装设计。本公司要求传达出红豆颗粒饱满、品质上乘的特点，并且包装要画面丰富，能够快速地吸引消费者的注意。

3. 设计要求
（1）包装的风格以高端大气为主，突出对品牌文化的宣传。

（2）画面主要使用红豆图片，明确主题。

（3）包装的色彩以红白色搭配为主。

（4）版式整洁干净、图文搭配编排合理，视觉效果强烈。

（5）设计规格为500mm（宽）×300mm（高），分辨率为300 dpi。

练习2.2　项目素材及要点

1. 素材资源
图片素材所在位置：本书学习资源中的"Ch09\素材\制作红豆包装\01"。

文字素材所在位置：本书学习资源中的"Ch09\素材\制作红豆包装\文字文档"。

2. 作品参考
设计作品参考效果所在位置：本书学习资源中的"Ch09\效果\制作红豆包装.cdr"，效果如图9-164所示。

图 9-164

3. 制作要点
使用渐变填充工具、2 点线工具和调和工具制作背景效果，使用文本工具添加装饰文字，使用轮廓笔命令制作产品名称，使用贝塞尔工具和透明度工具制作包装展示效果。

课后习题 1——制作化妆品包装

习题 1.1 项目背景及要求

1. 客户名称
RE LEAF 化妆品有限公司。

2. 客户需求
RE LEAF 化妆品有限公司是一家经营各类化妆品为主的公司，现新款芦荟型护手霜上市，要求设计护手霜的外包装。护手霜是平时常用之物，设计要求简便易携，清新干净，包装要求既要符合公司传统特色，又要具有创新。

3. 设计要求
（1）包装外观精致，携带方便。
（2）字体设计简洁大气，配合整体的包装风格，使包装更显高端。
（3）图文搭配编排合理，视觉对比感强烈。
（4）以真实简洁的方式向观者传达信息内容。
（5）设计规格为 210mm（宽）×297mm（高），分辨率为 300 dpi。

习题 1.2 项目素材及要点

1. 素材资源
图片素材所在位置：本书学习资源中的"Ch09\素材\制作化妆品包装\01"。
文字素材所在位置：本书学习资源中的"Ch09\素材\制作化妆品包装\文字文档"。

2. 作品参考
设计作品参考效果所在位置：本书学习资源中的"Ch09\效果\制作化妆品包装.cdr"，效果如图 9-165 所示。

3. 制作要点
使用矩形工具和渐变填充工具制作背景效果；使用贝塞尔工具、透明度工具和 PowerClip 命令制作瓶身；使用矩形工具、椭圆形工具、贝塞尔工具和渐变工具制作瓶盖；使用矩形工具、文本工具、填充工具添加商标和宣传文字。

图 9-165

课后习题 2——制作干果包装

习题 2.1 项目背景及要求

1. 客户名称
菲林农场食品有限公司。

2．客户需求

菲林农场食品有限公司是一家专门经营干果小食的公司，近期新季核桃上市，需要为该款核桃制作外包装，要求设计适用于一个系列的产品，美观简洁。

3．设计要求

（1）包装使用透明的包装纸，能够直观地让消费者看到产品。

（2）色彩搭配要符合系列产品的特色。

（3）包装文字清晰直观，使人一目了然。

（4）设计简洁大气，图文搭配编排合理，视觉效果强烈。

（5）设计规格为 285mm（宽）×210mm（高），分辨率为 300 dpi。

习题 2.2　项目素材及要点

1．素材资源

图片素材所在位置：本书学习资源中的"Ch09\素材\制作干果包装\01～05"。

文字素材所在位置：本书学习资源中的"Ch09\素材\制作干果包装\文字文档"。

2．作品参考

设计作品参考效果所在位置：本书学习资源中的"Ch09\效果\制作干果包装.cdr"，效果如图 9-166 所示。

图 9-166

3．制作要点

使用贝塞尔工具和图框精确剪裁制作包装正面背景；使用文本工具添加包装的标题文字和宣传文字；使用形状工具调整文字间距；使用模糊命令和透明度工具制作包装高光部分；使用插入条形码命令插入条形码。

9.4　图标设计——绘制相机图标

9.4.1　项目背景及要求

1．客户名称

七点半设计工作室。

2. 客户需求

七点半设计工作室是一家以 App 制作、软件开发等为主的设计开发类工作室，得到众多客户的一致好评。公司现阶段需要为新开发的手机设计一款相机图标，要求使用立体化的表现形式表达出相机的特征。图标要有极高的辨识度，能够体现出镜头的光晕和神秘感。

3. 设计要求

（1）设计为最常见的扁平化图标。

（2）设计图标运用立体化的手法。

（3）色彩搭配合理，体现出图标的质感。

（4）设计风格具有特色，能够吸引用户的眼球。

（5）设计规格为 1024 px（宽）× 1024 px（高），分辨率为 72 dpi。

9.4.2　项目素材及要点

1. 设计作品

设计作品参考效果所在位置：本书学习资源中的"Ch09\效果\绘制相机图标.cdr"，效果如图 9-167 所示。

图 9-167

2. 制作要点

使用椭圆形工具、渐变填充工具和变换泊坞窗绘制变焦镜头；使用阴影工具为图形添加阴影效果；使用透明度工具制作叠加效果。

9.4.3　案例制作及步骤

（1）按 Ctrl+N 组合键，弹出"创建新文档"对话框，设置文档的宽度为 1024 px，高度为 1024 px，原色模式为 RGB，渲染分辨率为 72 dpi，单击"确定"按钮，新建一个文档。

（2）双击"矩形"工具▢，绘制一个与页面大小相等的矩形，如图 9-168 所示。设置图形颜色的 RGB 值为 111、165、171，填充图形，并去除图形的轮廓线，效果如图 9-169 所示。

（3）选择"椭圆形"工具◯，按住 Shift+Ctrl 组合键的同时，以当前矩形中心为中心点绘制一个圆形，效果如图 9-170 所示。

（4）按 F11 键，弹出"编辑填充"对话框，将"起点"颜色的 RGB 值设置为 96、96、96，"终点"颜色的 RGB 值设置为 255、255、255，其他选项的设置如图 9-171 所示。单击"确定"按钮，填充图形，并去除图形的轮廓线，效果如图 9-172 所示。

图 9-168   图 9-169   图 9-170

图 9-171   图 9-172

（5）选择"阴影"工具，在圆形中从上向下拖曳光标，为图形添加阴影效果，在属性栏中的设置如图 9-173 所示，按 Enter 键，效果如图 9-174 所示。

图 9-173   图 9-174

（6）选择"选择"工具，选择渐变圆形，按 Alt+F9 组合键，弹出"变换"泊坞窗，选项的设置如图 9-175 所示，单击"应用"按钮，缩小并复制圆形，效果如图 9-176 所示。设置图形颜色的 RGB 值为 35、19、48，填充图形，效果如图 9-177 所示。

图 9-175   图 9-176   图 9-177

（7）保持图形的选取状态。在"变换"泊坞窗中进行设置，如图 9-178 所示，单击"应用"按钮，缩小并复制圆形，效果如图 9-179 所示。

图 9-178　　　　　　　　　　　　　　图 9-179

（8）按 F11 键，弹出"编辑填充"对话框，将"起点"颜色的 RGB 值设置为 156、156、156，"终点"颜色的 RGB 值设置为 255、255、255，将下方三角图标的"节点位置"选项设为 30%，其他选项的设置如图 9-180 所示。单击"确定"按钮，填充图形，效果如图 9-181 所示。

图 9-180　　　　　　　　　　　　　　图 9-181

（9）用相同的方法复制其他圆形并填充相应的颜色，效果如图 9-182 所示。选择"椭圆形"工具 ◯，按住 Ctrl 键的同时，在适当的位置绘制一个圆形，如图 9-183 所示。在"RGB 调色板"中的"20%黑"色块上单击鼠标左键，填充图形，并去除图形的轮廓线，效果如图 9-184 所示。

图 9-182　　　　　　　　图 9-183　　　　　　　　图 9-184

（10）选择"透明度"工具 ▦，在属性栏中单击"均匀透明度"按钮 ▣，其他选项的设置如图 9-185 所示，按 Enter 键，效果如图 9-186 所示。

图 9-185

图 9-186

（11）选择"选择"工具 ▶，按数字键盘上的+键，复制图形。按住 Shift 键的同时，向内拖曳圆形右上角的控制手柄，等比例缩小圆形，并将其拖曳到适当的位置，效果如图 9-187 所示。选择"透明度"工具 ▨，在属性栏中进行设置，如图 9-188 所示，按 Enter 键，效果如图 9-189 所示。

图 9-187

图 9-188

图 9-189

（12）选择"椭圆形"工具 ○，按住 Ctrl 键的同时，在适当的位置绘制一个圆形，如图 9-190 所示。按 F11 键，弹出"编辑填充"对话框，选择"渐变填充"按钮 ▨，将"起点"颜色的 RGB 值设置为 101、161、168，"终点"颜色的 RGB 值设置为 39、71、74，将"起点"颜色的"节点透明度"选项设为 69%，其他选项的设置如图 9-191 所示。单击"确定"按钮，填充图形，并去除图形的轮廓线，效果如图 9-192 所示。

图 9-190

图 9-191

图 9-192

（13）选择"阴影"工具 ▢，在圆形中从上向下拖曳光标，为图形添加阴影效果，在属性栏中的设置如图 9-193 所示，按 Enter 键，效果如图 9-194 所示。

（14）选择"选择"工具 ▶，选择渐变圆形，在"变换"泊坞窗中进行设置，如图 9-195 所示，单击"应用"按钮，缩小并复制圆形，效果如图 9-196 所示。

| 图 9-193 | 图 9-194 | 图 9-195 | 图 9-196 |

（15）按 F11 键，弹出"编辑填充"对话框，将"起点"颜色的 RGB 值设置为 35、19、48，"终点"颜色的 RGB 值设置为 140、127、180，将下方三角图标的"节点位置"选项设为 69%，其他选项的设置如图 9-197 所示。单击"确定"按钮，填充图形，效果如图 9-198 所示。

| 图 9-197 | 图 9-198 |

（16）保持图形的选取状态。在"变换"泊坞窗中进行设置，如图 9-199 所示，单击"应用"按钮，缩小并复制圆形，效果如图 9-200 所示。

| 图 9-199 | 图 9-200 |

（17）按 F11 键，弹出"编辑填充"对话框，将"起点"颜色的 RGB 值设置为 18、8、31，"终点"颜色的 RGB 值设置为 171、99、164，将下方三角图标的"节点位置"选项设为 69%，其他选项的设置如图 9-201 所示。单击"确定"按钮，填充图形，如图 9-202 所示。

（18）相机图标绘制完成，效果如图 9-203 所示。将图标应用在手机中，会自动应用圆角遮罩图标，呈现出圆角效果，如图 9-204 所示。

图 9-201　　　　　　　　　　　　　　　　图 9-202

图 9-203　　　　　　　　　　图 9-204

课堂练习 1——绘制音乐图标

练习 1.1　项目背景及要求

1. 客户名称

木星设计工作室。

2. 客户需求

木星设计工作室是一家主要从事软件设计、品牌策划、产品设计开发的设计公司，以服务至上的经营理念得到客户的认可。公司现阶段需要为新开发的音乐手机设计一款音乐图标，设计要求使用立体化的表现形式，使音乐图标醒目直观。

3. 设计要求

（1）图标外形使用最常见的圆角矩形表现。

（2）图标运用扁平化的设计手法。

（3）色彩要对比强烈，突出音乐图标的立体感。

（4）设计风格独特，快速吸引用户的眼球。

（5）设计规格为 1024 px（宽）×1024 px（高），分辨率为 72 dpi。

练习 1.2　项目素材及要点

1. 作品参考

设计作品参考效果所在位置：本书学习资源中的"Ch09\效果\绘制音乐图标.cdr"，如图 9-205 所示。

图 9-205

2. 制作要点

使用椭圆形工具、渐变填充按钮、调和工具和变换泊坞窗绘制音乐磁盘；使用阴影工具为图形添加阴影效果；使用透明度工具制作叠加效果；使用 3 点矩形工具、折线工具、椭圆形工具绘制播放头。

课堂练习 2——绘制语音图标

练习 2.1　项目背景及要求

1. 客户名称

奇星设计工作室。

2. 客户需求

奇星设计工作室是一家富有活力、集创意于一体的设计性工作室，得到客户的广泛好评。公司现阶段需要设计一款语音图标，要求使用扁平化的表现形式表达出语音的特征，图标要有极高的辨识度，且要体现出语音图标的特色。

3. 设计要求

（1）设计使用圆角矩形体现图标的外观。

（2）图标设计运用扁平化的手法。

（3）画面色彩要对比强烈，表现出语音图标的立体感。

（4）设计风格简约，但不缺乏语音图标的特色。

（5）设计规格为 1024 px（宽）×1024 px（高），分辨率为 72 dpi。

练习 2.2　项目素材及要点

1. 作品参考

设计作品参考效果所在位置：本书学习资源中的"Ch09\效果\绘制语音图标.cdr"，效果如图 9-206 所示。

2. 制作要点

使用椭圆形工具、饼图按钮、渐变填充按钮和变换泊坞窗绘制语音图标；使用阴影工具为图形添加阴影效果；使用矩形工具、转角半径选项、刻刀工具绘制麦克风。

图 9-206

课后习题 1——绘制日历图标

习题 1.1　项目背景及要求

1. 客户名称

微迪设计工作室。

2. 客户需求

微迪设计工作室是一家专门制作设计开发类的工作室，一直以来为客户的长远利益考虑。公司现阶段需要为新开发的手机量身设计一款手机日历图标，要求使用扁平化的表现形式。日历图标要有极高的辨识度。

3. 设计要求

（1）设计最常见的圆角矩形图标。

（2）图标运用扁平化的表现手法。

（3）画面色彩对比强烈，突出日历图标的特点。

（4）设计风格独特，能够吸引用户。

（5）设计规格为 1024 px（宽）×1024 px（高），分辨率为 72 dpi。

习题 1.2　项目素材及要点

1. 素材资源

文字素材所在位置：本书学习资源中的"Ch09\素材\绘制日历图标\文字文档"。

2. 作品参考

设计作品参考效果所在位置：本书学习资源中的"Ch09\效果\绘制日历图标.cdr"，效果如图 9-207 所示。

3. 制作要点

使用矩形工具、再制命令和填充工具绘制日历图标；使用阴影工具为图形添加阴影效果；使用文本工具添加日历文字。

图 9-207

课后习题 2——绘制文件图标

习题 2.1　项目背景及要求

1. 客户名称
星期九设计工作室。

2. 客户需求
星期九设计工作室是一家以策划、设计开发类为主的工作室，设计产品得到客户的一致好评。公司现阶段需要设计一款文件图标，用扁平化的表现形式表达出文件图标的特征。图标设计清晰，辨识度高。

3. 设计要求
（1）图标设计运用圆形图标。

（2）使用拟物化的设计手法表现文件图标。

（3）画面颜色搭配合理，文件图标细节设计丰富。

（4）设计风格简约，能够吸引用户眼球。

（5）设计规格为 1024 px（宽）× 1024 px（高），分辨率为 72 dpi。

习题 2.2　项目素材及要点

1. 作品参考
设计作品参考效果所在位置：本书学习资源中的 "Ch09\效果\绘制文件图标.cdr"，效果如图 9-208 所示。

2. 制作要点
使用椭圆形工具、矩形工具、移除前面对象按钮和填充工具绘制文件袋；使用阴影工具为图形添加阴影效果；使用椭圆形工具、渐变填充按钮、矩形工具和轮廓笔工具绘制提手。

图 9-208

9.5 App 界面设计——制作运动健身 App 主页

9.5.1 项目背景及要求

1. 客户名称

零点健身娱乐。

2. 客户需求

零点健身娱乐是集运动健身、休闲娱乐于一身的 VIP 会员制场所，开设课程有瑜伽、游泳、搏击操等。现为健身房设计制作运动健身 App 主页，要求不仅要宣传健身房课程种类，还要体现健身房的课程特色。

3. 设计要求

（1）背景色的运用要富有活力，给人温馨舒适感。

（2）设计具有空间感，内容能与运动健身紧密相连。

（3）文字的设计醒目突出，重点突出主页的课程内容。

（4）整体设计简洁清晰，明确主题。

（5）设计规格为 750 px（宽）×1334 px（高），分辨率为 72 dpi。

9.5.2 项目素材及要点

1. 素材资源

图片素材所在位置：本书学习资源中的"Ch09\素材\制作运动健身 App 主页\01 ～ 04"。

文字素材所在位置：本书学习资源中的"Ch09\素材\制作运动健身 App 主页\文字文档"。

2. 设计作品

设计作品参考效果所在位置：本书学习资源中的"Ch09\效果\制作运动健身 App 主页.cdr"，效果如图 9-209 所示。

图 9-209

3. 制作要点

使用矩形工具、转角半径选项制作轮播框；使用阴影工具为图形添加阴影效果；使用矩形工具、导入命令、PowerClip 命令制作图框精确剪裁效果；使用椭圆工具、轮廓笔工具和透明度工具制作装饰圆环；使用多边形工具、圆角/扇形角/倒棱角泊坞窗、矩形工具和椭圆形工具制作主页图标和训练图标；使用文本工具、文本属性面板添加文字信息。

9.5.3 案例制作及步骤

1. 制作顶部信息

（1）按 Ctrl+N 组合键，弹出"创建新文档"对话框，设置文档的宽度为 750 px，高度为 1334 px，原色模式为 RGB，渲染分辨率为 72 dpi，单击"确定"按钮，新建一个文档。

（2）双击"矩形"工具▢，绘制一个与页面大小相等的矩形，如图 9-210 所示。设置图形颜色的 RGB 值为 243、243、243，填充图形，并去除图形的轮廓线，效果如图 9-211 所示。

图 9-210   图 9-211

（3）按 Ctrl+I 组合键，弹出"导入"对话框，选择本书学习资源中的"Ch09 > 素材 > 制作运动健身 App 主页 > 01"文件，单击"导入"按钮，在页面中单击导入图片，将其拖曳到适当的位置，效果如图 9-212 所示。

（4）选择"矩形"工具▢，在适当的位置绘制一个矩形，设置图形颜色的 RGB 值为 248、142、154，填充图形，并去除图形的轮廓线，效果如图 9-213 所示。

图 9-212   图 9-213

（5）选择"椭圆形"工具○，按住 Ctrl 键的同时，在适当的位置绘制一个圆形，如图 9-214 所示。按 F12 键，弹出"轮廓笔"对话框，在"颜色"选项中设置轮廓线颜色为白色，其他选项的设置如图 9-215 所示；单击"确定"按钮，效果如图 9-216 所示。

图 9-214   图 9-215   图 9-216

（6）选择"透明度"工具，在属性栏中单击"均匀透明度"按钮，其他选项的设置如图 9-217 所示，按 Enter 键，效果如图 9-218 所示。

（7）选择"选择"工具，按数字键盘上的+键，复制圆形。按住 Shift 键的同时，向内拖曳圆形右上角的控制手柄，等比例缩小圆形，并将其拖曳到适当的位置，效果如图 9-219 所示。

图 9-217   图 9-218   图 9-219

（8）选择"矩形"工具，在适当的位置绘制一个矩形，如图 9-220 所示。在属性栏中将"转角半径"选项均设为 20 px，按 Enter 键，效果如图 9-221 所示。在"RGB 调色板"中的"30%黑"色块上单击鼠标左键，填充图形，并去除图形的轮廓线，效果如图 9-222 所示。

图 9-220   图 9-221   图 9-222

（9）选择"阴影"工具，在属性栏中单击"预设列表"选项，在弹出的菜单中选择"平面右下"，其他选项的设置如图 9-223 所示，按 Enter 键，效果如图 9-224 所示。

（10）按 Ctrl+I 组合键，弹出"导入"对话框，选择本书学习资源中的"Ch09 > 素材 > 制作运动健身 App 主页 >

图 9-223

275

02"文件，单击"导入"按钮，在页面中单击导入图片，将其拖曳到适当的位置并调整其大小，效果如图 9-225 所示。按 Ctrl+PageDown 组合键，将图片向后移一层，效果如图 9-226 所示。

图 9-224   图 9-225   图 9-226

（11）选择"对象 > PowerClip > 置于图文框内部"命令，鼠标的光标变为黑色箭头形状，在矩形上单击鼠标左键，如图 9-227 所示。将图片置入矩形中，效果如图 9-228 所示。

图 9-227   图 9-228

（12）选择"文本"工具 字，在适当的位置输入需要的文字，选择"选择"工具 ▶，在属性栏中选取适当的字体并设置文字大小，填充文字为白色，效果如图 9-229 所示。

（13）选择"椭圆形"工具 ○，按住 Ctrl 键的同时，在适当的位置绘制圆形，填充轮廓线为白色，效果如图 9-230 所示。在属性栏的"轮廓宽度" 框中设置数值为 4px，效果如图 9-231 所示。

图 9-229   图 9-230   图 9-231

（14）选择"矩形"工具 □，在适当的位置绘制一个矩形，如图 9-232 所示。在属性栏中将"转角半径"选项均设为 4 px，按 Enter 键，效果如图 9-233 所示。填充图形为白色，并去除图形的轮廓线，在属性栏的"旋转角度" ○ ｡ ｡框中设置数值为 43，按 Enter 键，效果如图 9-234 所示。

图 9-232　　　　　　　　图 9-233　　　　　　　　图 9-234

（15）选择"椭圆形"工具 ○，按住 Ctrl 键的同时，在右侧适当的位置绘制一个圆形，填充图形为白色，并去除图形的轮廓线，效果如图 9-235 所示。

（16）按数字键盘上的+键，复制圆形。选择"选择"工具 ，按住 Shift 键的同时，水平向右拖曳复制的圆形到适当的位置，效果如图 9-236 所示。按 Ctrl+D 组合键，再制一个圆形，效果如图 9-237 所示。

图 9-235　　　　　　　　图 9-236　　　　　　　　图 9-237

（17）选择"选择"工具 ，用圈选的方法将所绘制的圆形同时选取，按数字键盘上的+键，复制圆形。按住 Shift 键的同时，向外拖曳圆形右上角的控制手柄，等比例放大圆形，并将其拖曳到适当的位置，效果如图 9-238 所示。选取最右侧的圆形，设置图形颜色的 RGB 值为 248、142、154，填充图形，效果如图 9-239 所示。

图 9-238　　　　　　　　图 9-239

2. 制作主页界面

（1）选择"文本"工具 字，在适当的位置分别输入需要的文字，选择"选择"工具 ，在属性栏中分别选取适当的字体并设置文字大小，效果如图 9-240 所示。选取文字"更多"，在"RGB 调色板"中的"50%黑"色块上单击鼠标左键，填充文字，效果如图 9-241 所示。

（2）选择"矩形"工具 □，在适当的位置绘制一个矩形，如图 9-242 所示。在属性栏中将"转角半径"选项均设为 7 px，按 Enter 键，效果如图 9-243 所示。填充图形为白色，并去除图形的轮廓线，效果如图 9-244 所示。

图 9-240   图 9-241

图 9-242   图 9-243   图 9-244

（3）选择"阴影"工具 ，在属性栏中单击"预设列表"选项，在弹出的菜单中选择"平面右下"，其他选项的设置如图 9-245 所示，按 Enter 键，效果如图 9-246 所示。

图 9-245   图 9-246

（4）选择"选择"工具 ，选取白色圆角矩形，按数字键盘上的+键，复制圆角矩形。向上拖曳圆角矩形下方中间的控制手柄到适当的位置，调整其大小；在属性栏中将"转角半径"选项设为 7 px，如图 9-247 所示，按 Enter 键，效果如图 9-248 所示。

图 9-247   图 9-248

（5）按 Ctrl+I 组合键，弹出"导入"对话框，选择本书学习资源中的"Ch09 > 素材 > 制作运动健身 App 主页 > 03"文件，单击"导入"按钮，在页面中单击导入图片，将其拖曳到适当的位置并调整其大小，如图 9-249 所示。按 Ctrl+PageDown 组合键，将图片向后移一层，如图 9-250 所示。

图 9-249　　　　　　　　　　　　图 9-250

（6）选择"对象 > PowerClip > 置于图文框内部"命令，鼠标的光标变为黑色箭头形状，在矩形上单击鼠标左键，如图 9-251 所示。将图片置入矩形中，效果如图 9-252 所示。

图 9-251　　　　　　　　　　　　图 9-252

（7）选择"矩形"工具▢，在适当的位置绘制一个矩形，如图 9-253 所示。在属性栏中将"转角半径"选项均设为 20 px，按 Enter 键；填充图形为白色，并去除图形的轮廓线，如图 9-254 所示。

图 9-253　　　　　　　　　　　　图 9-254

（8）选择"文本"工具字，在适当的位置分别输入需要的文字，选择"选择"工具▸，在属性栏中分别选取适当的字体并设置文字大小，效果如图 9-255 所示。

（9）选择"文本 > 文本属性"命令，在弹出的"文本属性"面板中进行设置，如图 9-256 所示；按 Enter 键，效果如图 9-257 所示。

（10）选择"选择"工具▸，按住 Shift 键的同时，选取需要的文字，在"RGB 调色板"中的"40% 黑"色块上单击鼠标左键，填充文字，效果如图 9-258 所示。用相同的方法导入"04"文件并制作如图 9-259 所示的效果。

图 9-255　　　　　　　　　　图 9-256　　　　　　　　　　图 9-257

图 9-258　　　　　　　　　　　　　　图 9-259

3. 绘制底部图标

（1）选择"矩形"工具▢，在页面底部绘制一个矩形，填充图形为白色，并去除图形的轮廓线，效果如图 9-260 所示。选择"多边形"工具◯，在属性栏的"点数或边数"⬠5 ⬍框中设置数值为 3，如图 9-261 所示，在页面外拖曳光标绘制一个三角形，如图 9-262 所示。

图 9-260　　　　　　　　　　　图 9-261　　　　　　　　　　　图 9-262

（2）选择"窗口 > 泊坞窗 > 圆角/扇形角/倒棱角"命令，弹出"圆角/扇形角/倒棱角"泊坞窗，选项的设置如图 9-263 所示，单击"应用"按钮 应用，效果如图 9-264 所示。

图 9-263　　　　　　　　　　　　　图 9-264

（3）选择"矩形"工具▢，在适当的位置绘制一个矩形，如图 9-265 所示。在属性栏中将"转角半径"选项设为 22 px，如图 9-266 所示，按 Enter 键，效果如图 9-267 所示。

图 9-265   图 9-266   图 9-267

（4）选择"选择"工具▶，按住 Shift 键的同时，单击上方三角形将其同时选取，设置图形颜色的 RGB 值为 237、119、133，填充图形，并去除图形的轮廓线，效果如图 9-268 所示。

（5）选择"椭圆形"工具○，按住 Ctrl 键的同时，在适当的位置绘制一个圆形，填充图形为白色，并去除图形的轮廓线，效果如图 9-269 所示。

（6）选择"选择"工具▶，用圈选的方法将所绘制的图形同时选取，并将其拖曳到页面中适当的位置，调整其大小，效果如图 9-270 所示。

图 9-268   图 9-269   图 9-270

（7）选择"文本"工具**字**，在适当的位置输入需要的文字，选择"选择"工具▶，在属性栏中选取适当的字体并设置文字大小，效果如图 9-271 所示。在"RGB 调色板"中的"红"色块上单击鼠标左键，填充文字，效果如图 9-272 所示。

图 9-271   图 9-272

（8）选择"多边形"工具○，在页面外拖曳光标绘制一个三角形，如图 9-273 所示。在"圆角/扇形角/倒棱角"泊坞窗中进行设置，如图 9-274 所示，单击"应用"按钮 应用 ，效果如图 9-275 所示。

（9）在"RGB 调色板"中的"40%黑"色块上单击鼠标左键，填充图形，并去除图形的轮廓线，效果如图 9-276 所示。在属性栏的"旋转角度"○.0 框中设置数值为 - 90，按 Enter 键，效果如图 9-277 所示。

图 9-273　　　　　　　　　图 9-274　　　　　　　　　图 9-275

图 9-276　　　　　　　图 9-277

（10）选择"选择"工具 �ささ，拖曳三角形到页面中适当的位置，并调整其大小，效果如图 9-278 所示。选取文字"主页"，按数字键盘上的+键，复制文字。按住 Shift 键的同时，水平向右拖曳复制的文字到适当的位置，效果如图 9-279 所示。选择"文本"工具 字，选取并重新输入文字"训练"，在"RGB 调色板"中的"40%黑"色块上单击鼠标左键，填充文字，效果如图 9-280 所示。

图 9-278　　　　　　　　　图 9-279　　　　　　　　　图 9-280

（11）用相同的方法绘制"社区""目标""我的"，效果如图 9-281 所示。运动健身 App 主页制作完成，效果如图 9-282 所示。

图 9-281　　　　　　　　　图 9-282

课堂练习 1——制作运动健身 App 训练页

练习 1.1　项目背景及要求

1. 客户名称

零点健身娱乐。

2. 客户需求

零点健身娱乐是集运动健身、休闲娱乐于一身的 VIP 会员制场所，开设课程有瑜伽、游泳、搏击操等。现为健身房设计制作运动健身 App 训练页，要求不仅要宣传健身房课程种类，还要体现健身房的课程特色。

3. 设计要求

（1）用浅色作为页面背景，使页面内容醒目直观。

（2）设计要有空间感，内容能与运动健身紧密相连。

（3）文字的设计醒目突出，色彩运用合理。

（4）整体设计简洁清晰，突出训练课程的多样性。

（5）设计规格为 750 px（宽）×1334 px（高），分辨率为 72 dpi。

练习 1.2　项目素材及要点

1. 素材资源

图片素材所在位置：本书学习资源中的 "Ch09\素材\制作运动健身 App 训练页\01 ~ 04"。

文字素材所在位置：本书学习资源中的 "Ch09\素材\制作运动健身 App 训练页\文字文档"。

2. 作品参考

设计作品参考效果所在位置：本书学习资源中的 "Ch09\效果\制作运动健身 App 训练页.cdr"，效果如图 9-283 所示。

3. 制作要点

使用文本工具、手绘工具和轮廓笔工具制作导航条；使用阴影工具为图形添加阴影效果；使用矩形工具、转角半径选项、导入命令、PowerClip 命令制作图框精确剪裁效果；使用文本工具、文本属性面板添加文字信息。

图 9-283

课堂练习 2——制作运动健身 App 社区页

练习 2.1　项目背景及要求

1. 客户名称

零点健身娱乐。

2．客户需求

零点健身娱乐是集运动健身、休闲娱乐于一身的 VIP 会员制场所，开设课程有瑜伽、游泳、搏击操等。现为健身房设计制作运动健身 App 社区页，要求不仅要宣传健身房课程种类，还要体现健身房的课程特色。

3．设计要求

（1）用浅色作为页面背景，使页面内容醒目直观。

（2）设计要有空间感，内容能与运动健身紧密相连。

（3）文字的设计醒目突出，色彩搭配合理。

（4）整体设计简洁清晰，设计内容分类明确。

（5）设计规格为 750 px（宽）×1334 px（高），分辨率为 72 dpi。

练习 2.2 项目素材及要点

1．素材资源

图片素材所在位置：本书学习资源中的"Ch09\素材\制作运动健身 App 社区页\01～08"。

文字素材所在位置：本书学习资源中的"Ch09\素材\制作运动健身 App 社区页\文字文档"。

2．作品参考

设计作品参考效果所在位置：本书学习资源中的"Ch09\效果\制作运动健身 App 社区页.cdr"，效果如图 9-284 所示。

3．制作要点

使用矩形工具、转角半径选项、导入命令、PowerClip 命令制作图框精确剪裁效果；使用透明度工具为图形添加半透明效果；使用阴影工具为图形添加阴影效果；使用基本形状工具、标注形状工具和形状工具绘制心形及会话框；使用文本工具、文本属性面板添加文字信息。

图 9-284

课后习题 1——制作运动健身 App 目标页

习题 1.1 项目背景及要求

1．客户名称

零点健身娱乐。

2．客户需求

零点健身娱乐是集运动健身、休闲娱乐于一身的 VIP 会员制场所，开设课程有瑜伽、游泳、搏击操等。现为健身房设计制作运动健身 App 目标页，要求不仅要宣传健身房课程种类，还要体现健身房的课程特色。

3. 设计要求

（1）用浅色作为页面背景，使页面内容醒目直观。

（2）设计要有空间感，内容能与运动健身紧密相连。

（3）文字的设计醒目突出，让人一目了然。

（4）整体设计简洁清晰，使目标页内容一目了然。

（5）设计规格为 750 px（宽）×1334 px（高），分辨率为 72 dpi。

习题 1.2　项目素材及要点

1. 素材资源

图片素材所在位置：本书学习资源中的"Ch09\素材\制作运动健身 App 目标页\01～04"。

文字素材所在位置：本书学习资源中的"Ch09\素材\制作运动健身 App 目标页\文字文档"。

2. 作品参考

设计作品参考效果所在位置：本书学习资源中的"Ch09\效果\制作运动健身 App 目标页.cdr"，效果如图 9-285 所示。

3. 制作要点

使用手绘工具、轮廓笔工具绘制线条；使用矩形工具、转角半径选项、导入命令、PowerClip 命令制作图框精确剪裁效果；使用阴影工具为图形添加阴影效果；使用文本工具、文本属性面板添加文字信息。

图 9-285

课后习题 2——制作运动健身 App 个人中心页

习题 2.1　项目背景及要求

1. 客户名称

零点健身娱乐。

2. 客户需求

零点健身娱乐是集运动健身、休闲娱乐于一身的 VIP 会员制场所，开设课程有瑜伽、游泳、搏击操等。现为健身房设计制作运动健身 App 个人中心页，要求不仅要体现出消费者基础等级信息，还要体现出 App 多样化的交互和课程内容。

3. 设计要求

（1）用浅色作为页面背景，使页面内容醒目直观。

（2）设计要有空间感，内容能与运动健身紧密相连。

（3）文字的设计醒目突出，图文编排合理。

（4）整体设计简洁清晰，突出个人中心页的主要内容。

（5）设计规格为 750 px（宽）×1334 px（高），分辨率为 72 dpi。

习题 2.2　项目素材及要点

1. 素材资源

图片素材所在位置：本书学习资源中的"Ch09\素材\制作运动健身 App 个人中心页\01～03"。

文字素材所在位置：本书学习资源中的"Ch09\素材\制作运动健身 App 个人中心页\文字文档"。

2. 作品参考

设计作品参考效果所在位置：本书学习资源中的"Ch09\效果\制作运动健身 App 个人中心页.cdr"，效果如图 9-286 所示。

3. 制作要点

使用椭圆形工具、矩形工具和变换泊坞窗绘制设置按钮；使用手绘工具、轮廓笔工具和填充工具绘制进度条；使用椭圆形工具、转角半径选项、导入命令、PowerClip 命令制作图框精确剪裁效果；使用文本工具、文本属性面板添加文字信息。

图 9-286